世界国防科技年度发展报告（2016）

航天领域科技发展报告

HANG TIAN LING YU KE JI FA ZHAN BAO GAO

中国航天系统科学与工程研究院

国防工业出版社

·北京·

图书在版编目（CIP）数据

航天领域科技发展报告/中国航天系统科学与工程
研究院编 . —北京：国防工业出版社，2017.4
（世界国防科技年度发展报告. 2016）
ISBN 978-7-118-11277-1

Ⅰ. ①航… Ⅱ. ①中… Ⅲ. ①航天科技—科技发展—
研究报告—世界—2016 Ⅳ. ①V52

中国版本图书馆 CIP 数据核字（2017）第 055266 号

航天领域科技发展报告

编　　者	中国航天系统科学与工程研究院	
责任编辑	汪淳　王鑫	
出版发行	国防工业出版社	
地　　址	北京市海淀区紫竹院南路 23 号　100048	
印　　刷	北京龙世杰印刷有限公司	
开　　本	710×1000　1/16	
印　　张	19	
字　　数	222 千字	
版印次	2017 年 4 月第 1 版第 1 次印刷	
定　　价	115.00 元	

《世界国防科技年度发展报告》

（2016）

编 委 会

《航天领域科技发展报告》

编 辑 部

主　　编　何　伟

副 主 编　李　云　曹秀云

———————————————

编　　辑（按姓氏笔画排序）

特日格乐　梁晓莉　景木南

《航天领域科技发展报告》

审稿人员（按姓氏笔画排序）

史秉能　李　云　李　佳　李向阳
何　伟　陈　萱　姚　源　徐　鹏
曹秀云　蒋宇平　韩鸿硕　慈元卓

撰稿人员（按姓氏笔画排序）

王　聪　支　林　方　勇　龙雪丹
申　麟　曲　晶　任　晔　刘　博
刘春保　刘晓川　刘海印　孙　龙
孙红俊　杨　开　李　云　李金钊
吴胜宝　张莉敏　陈　萱　陈建光
姚保寅　贾　平　特日格乐　徐程远
高　原　曹秀云　梁晓莉　屠　空
程绍驰　解晓芳

编写说明

军事力量的深层次较量是国防科技的博弈，强大的军队必然以强大的科技实力为后盾。纵观当今世界发展态势，新一轮科技革命、产业革命、军事革命加速推进，战略优势地位对技术突破的依赖度明显加深，军事强国着眼争夺未来军事斗争的战略主动权，高度重视推进高投入、高风险、高回报的前沿科技创新。为帮助对国防科技感兴趣的广大读者全面、深入了解世界国防科技发展的最新动向，我们秉承开放、协同、融合、共享的理念，共同编撰了《世界国防科技年度发展报告》（2016）。

《世界国防科技年度发展报告》（2016）由综合动向分析、重要专题分析和附录三部分构成。旨在通过深入分析国防科技发展重大热点问题，形成一批具有参考使用价值的研究成果，希冀能为促进自身发展、实现创新超越提供借鉴，发挥科技信息工作"服务创新、支撑管理、引领发展"的积极作用。

由于编写时间仓促，且受信息来源、研究经验和编写能力所限，疏漏和不当之处在所难免，敬请广大读者批评指正。

中国国防科技信息中心

2017 年 3 月

前　言

　　航天科技造端于军事对抗。伴随着国际政治、经济、军事、技术格局的不断演进，航天装备已逐步发展为国之利器，成为大国逐鹿太空的重要依托。航天科技作为利器之刃，不但凝聚着人类探索宇宙的激情，勾勒着航天装备的未来图景，也承载着安邦定国的大任。

　　当前，世界处于第六次科技革命的前夜，主要国家无不蓄积力量，推动航天科技日新月异。面对时不我待的紧迫形势，习主席深刻指出，"主要国家都在大力发展太空力量和手段""要坚持创新驱动发展，紧跟世界军事革命特别是军事科技发展方向，超前规划布局，加速发展步伐""要尽快在核心技术上取得新的重大突破""要重点把握基础技术、通用技术；非对称技术、'杀手锏'技术；前沿技术、颠覆性技术"。有鉴于此，我们组织业界专家，编撰了本书，旨在全面、系统、准确、深入地反映本年度航天科技领域的发展态势，供相关人员借鉴、参考。

　　本书包括三部分：综合动向分析部分在总括 2016 年国外军事航天之后，分领域概述了航天运载、侦察监视、通信、导航、太空对抗、载人航天的重大进展；重要专题分析部分围绕 2016 年重点、热点开展专项分析；附录部分逐月梳理了 2016 年主要事件，并择要点评，列表展示了 2016 年国外航天发射任务全貌。

　　中国航天系统科学与工程研究院于 2016 年 3 月经中央机构编制委员会

办公室批准成立。作为航天领域资深情报研究机构，我院传承了原707所和710所钱学森智库的博大精深与保家卫国的精气神儿，潜心学术、长期奋战、恪尽职守、勇于担当，为我国国防工业与航天事业蒸蒸日上发挥着重要的战略支撑与技术预警作用。

参与本书编著的皆为领域专家或科研人员，在此特别感谢中国国防科技信息中心和北京航天长征科技信息研究所等单位的大力支持。尽管编写组竭尽全力，但偏颇、疏漏在所难免，敬请读者批评指正。

编者

2017 年 3 月

目　录

综合动向分析

重要专题分析

附录

综合动向分析

2016 年航天领域科技发展综述

2016 年，世界军事航天发展势头仍然强劲。主要国家陆续出台国家航天发展纲领性文件，为保持或谋求在世界军事航天领域的先进地位勾画新的蓝图；军用航天装备持续稳步发展，新一代航天装备按计划陆续投入使用；同时，在当前强劲的科技变革态势推动下，航天前沿技术不断涌现。

一、加紧顶层战略谋划，抢占太空优势地位

主要国家陆续制定航天发展战略与规划，谋求在新一轮政治与军事博弈中占据战略制高点。

（一）美国国防部更新太空政策，强化太空慑战能力

11 月，美国国防部发布 3100.10 号指令《太空政策》修订版，对 2012 年以来奥巴马政府的军事航天政策进行更新，集中体现了美军近期对太空控制问题的思考成果。该政策在保留 2012 年版主要内容的同时，提出国防部核心任务不仅包括慑止太空攻击，而且将天基能力嵌入军事行动规划中，在提升太空任务有效性的同时，提升太空力量支持跨域协同作战的能力。

美国国防部着力推进太空控制能力实战化，将对美国军事航天发展产生重大影响。

美国空军航天司令部发布《空军航天司令部远期科技挑战》，提出未来10～35年美军在太空、网络空间以及太空/网络交叉领域需实现的11项关键技术能力，包括能有效开展卫星在轨维护、退役卫星再利用、在轨防御和弹性体系建设、卫星自主修复等用于提升太空作战的新技术能力，对于美军落实"第三次抵消战略"、实现其未来战略构想具有重要意义。

（二）俄罗斯明确未来10年发展方向，巩固航天领先地位

俄罗斯政府审议通过《2016—2025年联邦航天计划》草案，以实现"俄罗斯航天技术处于世界先进水平、巩固俄罗斯在航天领域领先地位"为战略目标，以"建设先进高效的太空应用体系、巩固进入空间能力优势"为发展方向，重点发展通信、对地观测卫星系统及其发射所用的运载火箭，使俄罗斯在轨卫星到2025年从49颗增加到73颗，推动新型"联盟"和"安加拉"火箭逐步投入使用，并研制超重型运载火箭。

（三）欧洲新版航天战略强调自主、安全地进入和利用太空

欧洲一直将航天视为推动社会经济发展、保障欧洲安全以及提高政府公共服务效率的重要手段。为深化泛欧航天合作、推进航天应用、强化安全保障，并进一步提升国际领先地位，欧盟委员会发布新版《欧洲航天战略》，确立航天应用、强化航天能力、确保航天自主、提升航天地位等四大目标，引领2030年前欧洲航天发展方向，提出将重点支持可重复使用、小型运载器技术等新型运载器技术研发与创新，增强空间态势感知与应对威胁的能力以及加强统筹军民航天活动。

（四）日本将航天列为军事技术重点，强化军事航天能力发展

为有效应对技术快速发展对全球安全环境构成的巨大影响，日本于

2016 年 8 月发布第二次世界大战后首个《防卫技术战略》以及与之配套的《防卫技术中长期展望》，不仅提出军事技术创新若干措施，而且明确未来 20 年的 18 个军事技术重点方向。其中，航天作为重点技术方向，将围绕"情报搜集""情报共享""稳定利用"等三项核心军事能力，将卫星托管型红外探测器技术、太空监视技术、机载空中发射技术、提高任务效果技术等列为未来军事技术领域优先发展方向，强调"提高卫星抗毁性、确保在发生各种事态时可持续发挥作用"。

二、推动新型运载器研制，确保低成本进入太空

主要国家一方面继续推进新一代一次性运载火箭研制，在确保安全可靠的同时进一步降低进入空间的成本；另一方面取得了可重复使用运载火箭技术重大突破，有望提供更高效费比的进入空间能力。

（一）一次性运载火箭更新换代稳步推进

美国"航天发射系统"（SLS）新一代重型运载火箭在 2015 年通过关键设计评审后，2016 年进入系统组装、集成、试验和投产阶段，并取得了多项进展。一是完成了五段式固体助推器的第二次地面鉴定试车，初步结果显示助推器性能良好；二是芯级 RS－25 发动机的地面试验型号和飞行型号分别完成 3 次和 1 次热试车，累计点火时长超过 2400 秒，验证了改进后的发动机性能；三是完成芯级液氢贮箱结构件制造。

日本新型 H－3 运载火箭 7 月完成了火箭系统、地面系统和分系统的初步设计评审，并启动了发射系统和地面设施的详细设计。H－3 火箭是日本为竞争商业发射市场而开发的新型运载火箭，发射价格为现役 H－2 火箭的一半。该型火箭在 2013 年启动研发，预计 2020 年具备发射能力，其年发射

次数有望达到 6 次。该火箭采用两级构型，箭体长约 63 米，芯级直径约 5.2 米，使用 2 台或 3 台 LE－9 发动机；可捆绑 2 个或 4 个直径 2.5 米的固体助推器；地球同步转移轨道（GTO）运载能力超过 6.5 吨。

（二）重复使用运载器技术取得突破

美国两家商业公司的运载火箭在海上与陆地多次成功实现子级回收。蓝色起源公司 2016 年 1 月利用回收的"新谢泼德"亚轨道火箭再次完成火箭子级地面垂直回收试验，实现了全球首次液体火箭重复使用；4 月至 11 月又利用该枚火箭连续三次完成陆地垂直回收，验证了火箭重复使用技术的成熟度。4 月，太空探索技术公司（SpaceX）"猎鹰" 9 火箭第一子级在发射 9 分钟后，精准降落在发射场以东 300 千米的海上回收平台上，成功完成世界火箭一子级的首次海上垂直回收；并在 5 月至 8 月又接连完成 4 次海上回收和 1 次陆地回收。这一系列运载火箭飞行试验表明运载火箭子级垂直回收技术趋于成熟，也为后续研制垂直起降可重复使用运载火箭奠定了基础。

美国国防高级研究计划局（DARPA）2016 年 4 月发布"试验型航天飞机一号"（XS－1）第二和第三阶段招标公告，以开展 XS－1 的详细设计、制造、集成、装配、地面试验以及飞行试验，表明 XS－1 已完成初始方案设计。XS－1 项目于 2013 年 9 月正式启动，采用火箭推进两级入轨方案，要求以 500 万美元/次的发射成本将 1360～2270 千克载荷送入低地球轨道；可在接到发射命令 24 小时内完成发射，具备 10 天内进行 10 次飞行的能力。XS－1 飞行器的一子级采用翼身组合体构型，飞行速度可达到马赫数 10。

2016 年 5 月和 8 月，印度先后完成"重复使用运载飞行器技术验证机"（RLV－TD）的首次高超声速无动力飞行试验和首次超燃冲压发动机"先进技术飞行器"点火试验。前者成功获取飞行气动特性、热防护性能等所需的结构过载、压力和气动加热等数据，后者稳定燃烧时间为 5 秒。RLV - TD 是印度 1998 年提出的"跨大气层高超声速空天运输飞行器"（AVA-TAR）计划的第一阶段。该计划分三个阶段：发展单级入轨、水平起降、低成本的完全重复使用运载器。这两次试验是印度在高超声速无动力飞行、着陆和返回、超燃冲压发动机等方面的重大进展，迈出了技术突破的第一步。

三、性能优异的新型卫星陆续入役，微小卫星井喷式发展

主要国家陆续部署军用或军民两用卫星，提升天基信息系统能力；微小卫星大规模组网计划仍在推进，关键技术创新发展将大幅提升微小卫星实用能力。

（一）卫星继续更新换代，系统性能再获大幅跃升

2016 年 11 月，美国成功发射新一代军民两用"世界观测"- 4（World-view - 4）遥感卫星。该卫星全色分辨率 0.31 米，多光谱分辨率 1.24 米，单颗星重访周期约 1 天。"世界观测"- 4 入轨后将与其他 4 颗卫星组成星座，实现 4.5 次/天的高频次重访，保障对热点地区的高分辨率观测。美国海军 6 月成功发射"移动用户目标系统"（MUOS）第 5 颗卫星，完成新一代军用移动通信卫星系统部署。MUOS 采用窄带 S 与高带宽 Ka 混合频段，系统容量是上一代 UFO 卫星系统的 10 倍，可同时接入 16322 个新型终端和 424 个传统终端。MUOS 采用 3G 移动蜂窝技术，可通过远程关口站无线接入设备与基于地面光纤的"全球信息栅格"（GIG）联通，获得高速数据与话音传输能力，并满足作战部队高速接入 GIG，实时打击目标的需要。

2016 年 1 月，欧洲研制的全球首个业务型激光通信载荷"欧洲数据中

继系统"（EDRS）由商用卫星"欧洲通信卫星"－9B（Eutelsat－9B）携带入轨，标志着欧洲星间激光通信技术已达到实用水平。EDRS 业务化运行将于 2018 年完成，采用激光与 Ka 频段混合通信，中继卫星与低轨卫星采用激光通信链路，中继卫星与地面站之间采用 Ka 频段通信链路。EDRS 星间激光通信链路传输速率将达到 1.8 吉比特/秒，远高于美国"跟踪与数据中继卫星系统"Ka 频段链路的 0.8 吉比特/秒。

2016 年 2 月，俄罗斯第三代导航卫星"格罗纳斯"－K 首颗业务星正式服役。"格罗纳斯"－K1 采用全新设计，卫星质量 995 千克，设计寿命提高到 10～12 年，增加了首个码分多址（CDMA）民用信号 L3OC，星载时钟稳定度更高。俄罗斯决定继续建造 9 颗"格罗纳斯"－K1 卫星，到 2020 年由 30 颗"格罗纳斯"－K 与"格罗纳斯"－M 卫星共同组成星座，由当前 2.8 米定位精度提升到 0.6 米。2016 年 4 月，"印度区域导航卫星系统"（IRNSS）第 7 颗卫星发射成功，完成 IRNSS 系统太空段部署，标志着印度成为世界第 6 个拥有导航卫星系统的国家。IRNSS 导航系统由 7 颗地球同步卫星组成，可为印度境内及周边 1500 千米区域提供定位精度优于 20 米的精确导航定位服务。

（二）微小卫星发展势头强劲，将全面提升战术用天能力

DARPA 投资的"看我"（SeeMe）微小卫星 5 月完成研制，计划 2017 年首发。SeeMe 系统拟通过快速部署低成本小型成像星座，向前线基层作战人员快速、按需提供近实时战场图像数据；单星质量和成本分别为 22.7 千克和 50 万美元，设计寿命达到 60～90 天。整个星座包括 24 颗卫星，能在 90 分钟内通过智能手机或其他手持设备获得指定战场区域的高分辨率卫星图像。

美国陆军提出将开展微小卫星战术通信能力试验，通过部署由 16 颗微小卫星组成的"陆军全球动中通卫星通信"（ARGOS）星座，验证 UHF 和 Ka 频段通信能力。ARGOS 星座主要覆盖美国南方司令部、非洲司令部和太平洋司令部所辖部分战区。一旦建成，将能为上述特定地区提供持续通信。

四、太空控制发展实时决策、慑战兼备的实战化能力

美俄新型太空目标监视系统陆续部署，进一步提升太空态势感知能力；具备攻防对抗潜力的在轨操作技术逐渐成熟。其中，美国逐渐完善攻防融合的太空控制能力。

（一）新一代太空态势感知系统将实现精确、实时与无漏覆盖

美军新一代"太空篱笆"地基雷达样机和"太空监视望远镜"（SST）地基光学系统均取得重要进展。前者于 2016 年 1 月首次试验中就跟踪到卫星，7 月又跟踪了一批太空目标，表明该雷达样机拥有了跟踪真实太空目标的实际能力。新一代"太空篱笆"为 S 频段单基地相控阵雷达，其太空态势感知能力和轨道监测能力是上一代的 10 倍，预计 2022 年正式投入使用。部署后每天可探测 150 万次，跟踪 20 万个目标，并重点对地球中低轨道上尺寸大于 5 厘米的目标进行跟踪。后者于 10 月正式移交空军，新一代 SST 采用弯曲焦平面阵列技术，探测灵敏度和数据采集速度比上一代提高 1 个数量级，能够更好地跟踪小型深空目标。SST 将在 2017 年迁移至西澳大利亚部署，主要任务包括监测西太平洋和印度洋上空的高轨太空目标，弥补美军在南半球监视能力缺口。

美军两颗"地球同步轨道太空态势感知计划"（GSSAP）卫星 8 月升空，与在轨的另两颗卫星形成 4 星星座组网运行，实现地球同步轨道重访周期约 30 天的周期性目标监测与目标状态、轨道和尺寸等信息的详查能力。

GSSAP 具有较强的机动变轨能力，可与目标交汇、逼近与绕飞，其先进的光电设备能够对目标进行详细探测，甚至实施攻击。

DARPA"轨道展望"项目 7 月完成 7 套太空态势感知（SSA）网络实时数据集成，组建了全球最大的 SSA 网络。"轨道展望"采用大数据技术提高多源太空目标数据融合和处理能力，提升数据到决策能力，彻底改变美军 SSA 采集与使用数据的方式，大幅度缩短太空事件告警时间。

俄军新一代地基太空监视系统"沃罗涅日"预警雷达和新型"天窗"－M 光电系统陆续部署。2016 年，前者完成俄罗斯境内 7 个站点部署，2020 年将实现本土一共 12 个站点部署；后者于 5 月开始陆续投入战斗值班，军方首批订购了 8 套，其中 4 套在俄罗斯境内包括远东地区部署，其他 4 套部署在国外。该系统能够监视到地球上空 120 千米～4 万千米 10 厘米以上的目标。

（二）美国完成地球同步轨道在轨操作装备部署，太空慑战能力再提升

前述 GSSAP 卫星不仅能够组网进行快速巡检地球同步轨道目标，而且单星具备交会、逼近、伴飞等较强的机动能力。其中一颗 GSSAP 卫星在 8 月对主发动机出现故障的 MUOS－5 军事通信卫星进行近距离检测，获得不同视角的观测数据，使美国成为全球唯一具备低轨和高轨慑战能力的国家。

DARPA 在 5 月启动"地球同步轨道卫星机器人服务"（RSGS）项目，发展可为地球同步轨道卫星提供维护服务的太空机器人在轨操作技术，如对目标星进行成像检测；对目标星实施抓取、安装额外器件、调整轨道等操作。目前 RSGS 项目正在开展两个机械臂的设计，预计 2021 年进行在轨验证。

五、航天前沿技术突破不断，推动未来航天装备变革发展

以美国为首的世界主要国家继续推动发动机、成像卫星载荷、通信卫星载荷和导航定位卫星载荷等技术创新突破，有望进一步推动未来航天装备变革发展。

（一）创新发动机技术为火箭动力提供新选择

为降低火箭成本、进一步提高发动机性能，主要航天国家一直探索新型运载火箭动力系统，从火箭燃烧模式、推进剂输送方式等方面进行改进与创新，以期实现技术突破与变革。2016 年，美国太空探索技术公司新型"猛禽"液氧/甲烷发动机地面点火试验成功，将比液氧/煤油发动机的重复使用能力更好、燃烧效率更高、推力性能更强；美国火箭实验室公司采用"卢瑟福"电动泵液体发动机的"电子"火箭二子级开展静态点火试验，比传统泵压式液体发动机的结构复杂度和制造成本降低，提高了发动机可靠性，便于实现低成本、快速和批量制造；俄罗斯高级研究基金会研制的世界首台全尺寸液氧/煤油旋转爆震发动机样机实现连续爆震，产生连续稳定推力，验证了旋转爆震发动机的技术可行性，有望为高性能高速飞行器、宽速域宽空域作战平台等提供动力。

（二）创新有效载荷技术推动卫星性能跨越式提升

在卫星成像方面，美国 2016 年 1 月完成"蜘蛛"微缩干涉光学成像系统样机设计。"蜘蛛"系统通过大规模的微型干涉仪阵列取代传统光学成像系统的望远镜和成像传感器进行成像，尺寸和质量仅为传统系统的 1%。"蜘蛛"系统的干涉成像技术有望成为未来小型、轻质、高分辨率光学成像系统的重要发展途径。在卫星通信方面，欧洲正在研制软件定义卫星并已

授出其波束成形研制合同，将大幅提升通信卫星在轨灵活适应性，实现在轨干扰探测与消除，以及频率调节和带宽的再分配。在卫星导航方面，美军第三代 GPS 卫星第二批提出采用全数字化导航有效载荷，实现 GPS 信号及其传输的在轨可编程；同时欧洲公司正在发展新型的光学原子钟并在 2016 年完成了太空环境试验，其授时精度有望比传统原子钟提升 100 ~ 1000 倍。

（中国航天系统科学与工程研究院　李云　王聪　陈萱）

2016 年航天运载技术发展综述

2016 年，全球航天运载器共进行 85 次航天发射任务（未计入亚轨道发射和"猎鹰"9 发射测试爆炸），为人类开展航天活动奠定基础。主要航天国家为进一步完善进入空间能力，加快一次性运载火箭升级换代进度，持续推进可重复使用运载技术研发，积极探索新型推进技术，在 2016 年取得一系列进展。

一、大力推进新型运载火箭研发，航天运载技术升级换代进程加快

随着人类进入空间需求日益增加，航天发射市场竞争日益激烈，大中型运载火箭进入新一轮以降低成本为主要发展目标的升级换代期。当前，美国太空探索技术公司研制的"猎鹰"9 火箭异军突起，已利用低成本航天发射服务打破传统发射市场格局，迫使美、欧、日加快新型低成本火箭研制进程，争夺航天发射市场。同时，为满足载人深空探索需要，新一代重型运载火箭研制也在稳步推进。

（一）美国继续推进新一代运载火箭研制计划

新一代重型运载火箭项目进展顺利，完成多项研制关键节点。2016年，"航天发射系统"（SLS）重型运载火箭进入系统组装、集成、试验和投产阶段，取得多项进展。一是五段式固体助推器完成第二次地面鉴定试车，性能指标满足火箭首飞需要；二是火箭芯级 RS－25 主发动机完成多次热试车，累计点火时长超过 2400 秒，验证了改进后发动机和新型控制器性能；三是火箭芯级氢燃料贮箱结构件完成制造，上面级试验件运抵试验台准备试验；四是火箭试车台已开始翻修，计划 2017 年将进行芯级发动机联合试车；五是地面支持系统进入翻新和建设阶段，将为火箭首飞提供保障。SLS 重型运载火箭是美国航空航天局（NASA）未来深空探索计划的基础，计划于 2018 年 11 月前执行低地球轨道（LEO）运载能力 70 吨级型号的首飞及搭载飞船的不载人绕月飞行任务。未来 NASA 将根据探测任务需要，分阶段研制 105 吨、130 吨级火箭，发射任务也会从月球向小行星、火星逐渐过渡。

"火神"运载火箭实现首个里程碑。2016 年 3 月，美国联合发射联盟（ULA）完成"火神"／"半人马座"火箭初步设计评审，确认了其整体设计可行性，实现"火神"系列火箭研制计划提出以来首个里程碑。之后将对火箭关键部件进行改进与测试，确保火箭性能满足任务需求，在 2019 年实现该型火箭首飞。该系列火箭地球同步转移轨道（GTO）运载能力最高约 11 吨，第一级主发动机设计为可回收重复使用，未来将用新型"先进低温推进上面级"替代"半人马座"，进一步提升运载能力。联合发射联盟于 2015 年提出"火神"系列研制计划，拟自主投资 20 亿美元，替代采用俄制发动机的"宇宙神"－5 系列，实现运载火箭动力系统自主可控；同时，"火神"火箭年发射 10～20 次时，GTO 载荷每千克最低发射价格为 9000 美元左右，是"宇宙神"－5价格的47%，可大幅提升商业发射竞争力。

轨道—阿连特技术系统公司计划研发新型运载火箭。2016年1月，美国轨道—阿连特技术系统（轨道ATK）公司获得美国空军授出的4600万美元新型火箭推进系统研发合同，并将在此推进系统基础上自行研制新型运载火箭"下一代运载器"，计划于2020年前投入使用，竞争美国军用卫星发射任务。"下一代运载器"采用模块化设计降低成本，箭体采用复合材料外壳减轻火箭干重，提高整体性能。目标是满足"渐进一次性运载火箭"（EELV）发射能力需求，GTO运载能力达到5.5吨。

（二）俄罗斯进一步加强在航天运载领域传统优势

"安加拉"系列火箭将进行优化。2016年3月，俄罗斯国家航天公司要求优化新一代"安加拉"系列火箭主发动机RD－191的整体设计与生产制造流程，控制火箭研制成本。RD－191发动机承包商动力机械科研生产联合公司计划引进产品寿命周期管理技术和先进制造系统实现优化目标，但尚未公布发动机成本降幅。"安加拉"系列火箭是俄罗斯采取通用化、模块化、系列化思路独立研制的首个系列，目标是替代"质子""联盟"等陈旧型号，摆脱对独联体国家在硬件生产和发射场地的依赖，稳固俄罗斯独立进入空间的能力。2014年"安加拉"－1.2中型火箭和"安加拉"－A5大型火箭分别成功进行一次试飞，预计2020年后投入使用。

新型"质子"号中小型火箭计划瞄准商业市场。2016年9月，俄罗斯赫鲁尼切夫航天中心和国际发射服务公司共同宣布将在现有大型"质子"－M火箭基础上研制中型和小型"质子"火箭，以全面覆盖各类商业卫星发射需求。俄罗斯目前的火箭型谱面对美国"猎鹰"9火箭的冲击，正逐渐失去商业发射竞争优势，对"质子"号型谱的扩充可缓解短期竞争压力。中型和小型"质子"在四级型"质子"号的基础上去掉第二级，变为三级构型，

GTO 运载能力分别为 5 吨和 3.6 吨，计划在 2018 年和 2019 年实现首飞。

重型运载火箭或以 RD–171 发动机为基础研制。2016 年 8 月，俄罗斯能源火箭航天集团提出不再研制"安加拉"–A5V 重型运载火箭，而以现有成熟的 RD–171 液氧/煤油发动机和"能源"号重型火箭为基础研制新的重型运载火箭，研制周期约 5～7 年。新型火箭第一级和第二级都采用 RD–171 发动机，第三级则以"安加拉"火箭的第三级为基础。该重型火箭的近地轨道运载能力将达 120 吨，并可通过改变火箭构型和提升发动机性能，将运载能力增至 160 吨，可用于实现俄罗斯未来的载人登月计划。但该方案尚未获得俄罗斯国家航天公司采纳，短期内俄罗斯还不会开展重型运载火箭研制工作。

（三）欧洲新一代火箭研制工作进展顺利

2016 年 6 月，欧洲在研"阿里安"–6 火箭通过初步设计评审，正式确定火箭系列构型。"阿里安"–6 火箭研制计划于 2015 年启动，由空客赛峰集团作为主承包商，预计投入 26 亿美元研制经费。该系列火箭包括"阿里安"–6.2（捆绑两枚固体助推器）和"阿里安"–6.4（捆绑四枚固体助推器）两种构型，GTO 运载能力最高为 10.5 吨，计划 2020 年实现首飞，年发射次数达到 11～12 次，双星发射 GTO 载荷价格约 8000 欧元/千克，低于发射价格 9500 欧元/千克的"阿里安"–5，至 2023 年将全面替代后者。

（四）日本新型 H–3 火箭通过初步设计评审

2016 年第一季度，日本在研新型 H–3 火箭先后完成火箭系统、地面系统和分系统的初步设计评审，进入发射系统和地面设施的详细设计阶段。H–3 为日本于 2013 年提出的新一代两级液体运载火箭，GTO 运载能力为 2～6.5 吨，GTO 载荷预计成本为 6500 美元/千克左右，是 H–2A 价格的 63%，计划于 2020 年首飞，并将逐步替代 H–2A 火箭，有望改变日本商业发射竞争力较弱的现状。该系列火箭将采用射前自动检测技术，缩减发射人员数量，减少发射场准备周期，取消外弹道测量系统，简化测控设备。

（五）印度"一箭多星"发射技术逐渐成熟

2016 年 6 月，印度航天研究组织（ISRO）利用"极轨卫星运载火箭"（PSLV）将 20 颗卫星送入同一轨道，成为印度执行"一箭多星"发射以来数量最多的一次；9 月，PSLV 又将 8 颗卫星送入两个不同轨道，标志着印度在多卫星集成、星箭分离、火箭上面级重启与变轨控制等技术方面已逐渐成熟。PSLV 火箭系列在 1993 年实现首飞，经过多次改进，运载能力得到提升，近地轨道和太阳同步轨道运载能力分别为 3.8 吨、1.75 吨，主要执行太阳同步轨道多星发射任务，发射载荷中约 90% 是质量低于 100 千克的微卫星和纳卫星，发射价格仅 2100 万～3100 万美元，且发射成功率达 94.74%，使其成功快速拓展微小卫星发射业务，已为美国、德国、法国等 20 个国家发射 79 颗卫星，具备较强商业发射竞争力。

二、积极探索可重复使用运载器关键技术，运载火箭垂直回收技术取得重大突破

主要航天国家在发展一次性运载火箭技术的同时，持续开展重复使用运载器技术的探索研究。以美国太空探索技术公司为代表的私营企业积极探索火箭子级垂直回收技术，开辟了一条降低航天发射成本的创新途径；完全可重复使用运载器是各国长期追求的发展目标，但技术难度较大，各国主要以演示验证项目推动关键技术发展。

（一）美国太空探索技术公司成功实现火箭子级海上回收

2016 年 4 月，美国太空探索技术公司利用"猎鹰"9 火箭实现世界首

次火箭一子级海上浮动平台垂直回收，突破运载火箭高精度导航控制、大范围变推力重复使用发动机、轻质可展开着陆支撑机构、海上浮动平台稳定控制等多项关键技术。2016 年 5 月至 8 月，又成功进行 3 次火箭一子级海上回收、1 次陆上回收，标志着大型火箭子级垂直回收技术趋于成熟，为降低进入空间成本探索了一条创新之路。该公司原计划 2016 年底利用回收的火箭发射商业卫星，预计可将"猎鹰"9 发射成本降低 30%，但因另一枚全新火箭试验时发生爆炸事故，导致重复使用火箭发射也被迫推迟至 2017 年。

海上回收火箭一子级的优势在于，海上回收平台可部署在火箭一子级飞行落区，一子级在返回过程中无需进行大范围横向机动，可减少对箭上回收预留推进剂的需求量，对运载能力影响较小。未来美国太空探索技术公司将根据发射任务中有效载荷的质量和目标轨道高度，选择不同的火箭一子级回收方式。发射较轻载荷、较低轨道时可选择陆上回收；发射较重载荷、较高轨道时可选择海上回收；如果满载荷发射，只能放弃回收。

（二）美国蓝色起源公司实现亚轨道火箭重复使用

2016 年 1 月，美国蓝色起源公司利用回收后亚轨道火箭成功发射"新谢泼德"亚轨道飞行器，实现同一枚液体火箭重复使用。2016 年 4 月至 10 月，"新谢泼德"又成功进行 3 次火箭垂直回收与重复使用试验，标志着蓝色起源公司已突破亚轨道火箭返回段减速控制、箭体姿态控制、着陆导航控制、回收再利用等一系列关键技术。但"新谢泼德"的亚轨道火箭飞行高度仅 100 千米左右，分离速度小，落地前只进行一次减速；且箭体为短粗型，姿态易控制，回收难度较运载火箭更低。

2016 年 9 月，该公司宣布启动"新格伦"（New Glenn）可重复使用运载火箭的研制项目，将基于"新谢泼德"的亚轨道火箭重复使用经验，研制可垂直回收重复使用的运载火箭第一级。新型火箭运载能力接近 50 吨级，计划 2020 年前实现火箭首飞，提供低成本商业卫星和载人飞行发射服务。

（三）美国部分重复使用运载器将进入样机研制阶段

2016 年 4 月，美国国防高级研究计划局在完成其部分重复使用运载飞行器技术验证机"试验型航天飞机一号"（XS－1）初始设计后，开始进行 XS－1 详细设计、制造、集成、装配、地面试验以及飞行试验。XS－1 于 2013 年 9 月正式启动，采用火箭推进两级入轨方案，要求以 500 万美元/次的发射成本将 1360～2268 千克上面级运送至低地球轨道，10 天内重复完成 10 次飞行，接到发射命令 24 小时内完成发射。

（四）印度开展可重复使用运载器关键技术试验

2016 年 5 月，印度空间研究组织（ISRO）成功开展"重复使用运载器技术验证器"（RLV－TD）首次无动力高超声速滑翔飞行试验，最大飞行马赫数 5.5，高度 65 千米，验证了 RLV－TD 的高超声速飞行气动特性、载荷特征及热防护系统性能；8 月，ISRO 利用"先进技术飞行器"（ATV）进行了超燃冲压发动机带飞点火试验，验证了超声速点火等关键技术。这两次试验标志着印度重复使用运载技术研制工作取得了实质性进展，后续还将进行自主着陆和有动力巡航飞行试验。RLV－TD 采用翼身组合体气动外形，长度约为 6.5 米，翼展为 3.6 米，质量为 1.75 吨，未来 ISRO 将基于 RLV－TD 研制两级入轨重复使用运载器，并计划在 2025 年研制出单级入轨重复使用运载器。

三、新型推进技术不断发展，为火箭动力提供新选择

为降低火箭成本、进一步提高发动机性能，主要航天国家一直探索新

型运载火箭动力系统，从火箭燃烧模式、推进剂输送方式等方面进行改进与创新，以期实现技术突破与变革。

（一）美国太空探索技术公司成功进行新型"猛禽"发动机地面点火试验

2016 年 9 月，美国太空探索技术公司成功进行"猛禽"液氧/甲烷发动机 100 吨级缩比验证机的地面点火试验，初步验证了发动机性能。"猛禽"发动机海平面推力是目前该公司"猎鹰" 9 主发动机"隼" − 1D 的 4 倍，达到 3050 千牛，比冲 334 秒，具有 20% ~ 100% 的深度推力调节能力，未来将用于载人探火运载器"星际运输系统"上，100 吨级推力型则可能用于替代"猎鹰" 9 和"猎鹰"重型火箭的上面级发动机。"猛禽"发动机由于采用液氧/甲烷推进剂，使用后不易积碳，重复使用能力较液氧/煤油发动机更好，回收后发动机无需拆解，可缩短翻修处理周期；发动机推进剂输送系统采用全流量分级燃烧循环，包括一个富氧燃烧预燃室和一个富燃燃烧预燃室，推进剂进入两个预燃室产生的燃气驱动涡轮后都导入主燃烧室，可减少推进剂不稳定燃烧问题，提高主燃烧室燃烧效率，获得更高的发动机性能。

（二）美国火箭实验室公司电动泵液体火箭发动机即将投入使用

2016 年 4 月，美国火箭实验室（Rocket Lab）公司成功对安装有"卢瑟福"电动泵液体发动机的"电子"火箭二子级开展静态点火试验，标志着该发动机正式通过试验验证，达到 2017 年火箭首飞性能需求。该公司自 2013 年起开始对"卢瑟福"发动机进行独立地面点火试验，至今已进行 200 多次，关键技术趋于成熟。"卢瑟福"是以液氧/煤油为推进剂的小型液体发动机，省去了传统泵压式液体火箭发动机的燃气涡轮泵系统中大量复杂的推进剂管路与阀门、燃气发生器等装置，降低了结构复杂度和制造成本，提高了可靠性；该发动机的再生冷却燃烧室、泵、主推进剂阀和喷注器等主要部件全部采用电子束熔融 3D 打印技术制造，可 3 天完成部件生产，便于发动机低成本、快速和批量制造，满足小型运载火箭高频度、快速发射需要。

（三）英国提出"协同吸气式火箭发动机"（又称"佩刀"）1/4 缩比验证机研制计划

2016 年 7 月，英国反应发动机公司（REL）提出将研制"佩刀"发动机 1/4 缩比验证机，并在 2020 年前进行地面试验。缩比验证机可以更低成本、更快速度完成关键技术验证，以推动"佩刀"发动机实现应用。这种缩比验证机的大小是全尺寸发动机的 1/4，与 F-35 战斗机所用的 F135 涡扇发动机相当，零部件可以选择货架式产品，有利于降低成本，缩短制造周期；海平面推力为 20 吨级，吸气式工作速度范围是马赫数 0~5；由 4 个燃烧室构成，共用一套预冷却器、进气道、喷管和涡轮部件，若进一步提高结构模块化程度将压气机也做成 4 个，整个发动机可拆解为 4 个模块，更利于分别进行试验验证。

（四）俄罗斯成功测试世界首台全尺寸旋转爆震发动机

2016 年 8 月，俄罗斯先期研究基金会（FPI）成功试验世界首台全尺寸液氧/煤油旋转爆震发动机样机，实现连续爆震，产生连续稳定推力，验证了旋转爆震发动机的技术可行性。旋转爆震发动机的结构、工作过程与液体火箭发动机相似，可继承液体发动机成熟技术，对用于火箭的旋转爆震发动机工程化应用十分有利。旋转爆震发动机与冲压发动机结合应用时，发动机工作范围更宽，稳定性更好；与涡轮喷气发动机配合时，可减少传统涡轮发动机中压气机的级数，简化发动机结构，提高推重比；用于燃气轮机时，热效率可比常规燃烧室提高 20%~25%，输出功率提高 10%，油耗降低25%。旋转爆震发动机的工程应用将给航空航天动力领域带来划时代变革，有望为高性能高速飞行器、宽速域宽空域武器装备作战平台、可重复使用航空飞行器平台提供动力。

四、结束语

为了推动进入空间技术的可持续发展、拓展国际商业航天发射市场，降低航天发射成本、提升火箭可靠性成为近年来航天运输领域的重要发展趋势。主要航天国家以低成本为目标研制的新一代火箭，有望2020年后相继投入使用，将推动航天运载技术快速发展，形成航天发射市场新格局。可重复使用运载火箭技术虽取得突破，但只是低成本重复使用的第一步，还需要解决火箭回收后如何仅需简单低成本维修和燃料加注就能重复使用等难题。

（中国航天系统科学与工程研究院　刘博）

（北京航天长征科技信息研究所　龙雪丹　曲晶　解晓芳）

2016 年侦察监视卫星技术发展综述

2016 年，国外侦察监视卫星及相关技术持续发展。系统建设方面，国外 5 个国家共计发射 6 颗侦察监视卫星，如表 1 所列；在主要国家保持侦察监视卫星系统持续更新换代的同时，更多国家具备天基侦察监视能力。技术发展方面，美国涌现出多项创新型卫星成像技术，力争实现卫星侦察监视能力的跨越式发展；俄罗斯和欧洲发展的新型合成孔径雷达可有效探测隐藏目标。

表 1　2016 年国外侦察监视卫星发射统计

卫星	国家	发射时间	轨道参数	
			高度/千米	倾角
"未来成像体系雷达" -4	美国	2016.02.10	1100	123°
"猎豹" -M2	俄罗斯	2016.03.24	550×590	97.6°
"顾问" -7	美国	2016.06.11	地球静止轨道（东经102.4°）	
"地平线" -11	以色列	2016.09.13	390×610	142°
"秘鲁卫星" -1	秘鲁	2016.09.16	700	98.2°
"蓝突厥" -1A	土耳其	2016.12.05	680	98.1°

至2016年底，国外8个国家拥有76颗侦察监视卫星，其中美国33颗，俄罗斯8颗，欧洲（包括法国、德国、意大利）13颗，日本7颗，印度7颗，其他国家共计8颗，如图1所示。

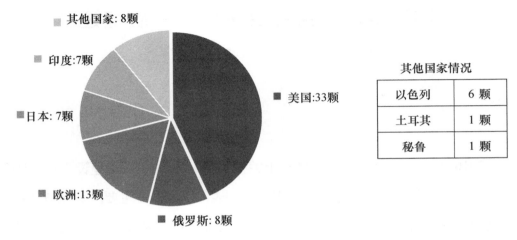

其他国家情况

以色列	6 颗
土耳其	1 颗
秘鲁	1 颗

图1　2016年国外侦察监视卫星在轨统计

一、侦察监视卫星持续更新，更多国家具备成像侦察能力

美国、俄罗斯、印度、以色列部署多颗侦察监视卫星，包括现役和新研型号，不断增强天基侦察监视能力。欧洲、日本均未发射新的卫星，但日本积极谋划增强侦察监视卫星能力。秘鲁、土耳其借助欧洲成熟技术实现了侦察监视卫星的突破，也反映了高分辨率成像卫星全球化扩展的态势。

（一）美国保持军用系统稳定运行，推动商业系统快速发展

1. 侦察监视卫星系统平稳发展

美国侦察监视卫星系统形成了以"国家情报计划"下的图像情报卫星（包括光学、雷达成像侦察卫星）和信号情报卫星（包括电子侦察卫星、海

洋监视卫星）为主的体系。2016 年，美国先后发射两颗侦察监视卫星，分别是一颗"未来成像体系雷达"（FIA Radar）雷达侦察卫星和一颗"顾问"（Mentor）电子侦察卫星，逐步替换原有系统，以保持现有侦察监视卫星系统的平稳发展。至 2016 年底，美国共有 33 颗卫星在轨运行，如表 2 所列。

表 2　美国侦察监视卫星在轨情况

类型		卫星	在轨数量	基本性能
图像情报	光学侦察	"锁眼"	3	分辨率 0.1 米
	雷达侦察	"长曲棍球"	3	分辨率 0.3～1 米
		"未来成像体系雷达"	4	不详，据报道与长曲棍球卫星相当
信号情报	电子侦察	"顾问"	6	遥测信号情报侦察
		"水星"	3	通信情报侦察
		"军号"	4	通信情报侦察
	海洋监视	"天基广域监视系统"	10	海上目标定位精度优于 2 千米

2016 年 2 月发射的"未来成像体系雷达"卫星是该系列的第 4 颗卫星，进一步增强了美军在夜间或不良气象条件下的成像侦察能力。该型卫星是美国从 2010 年开始部署的新型卫星，目前已成功发射 4 颗且均已在轨运行，其发射质量仅为"长曲棍球"（Lacrosse）卫星的 1/3，且运行轨道从 700 千米提高到 1100 千米，在保持空间分辨率的同时增加成像幅宽。美国计划利用多颗小型化卫星组成星座，替代超期服役的大型"长曲棍球"卫星。

2016 年 6 月发射的"顾问"卫星是第 7 颗"顾问"卫星，定点在地球静止轨道东经 102.4°。该型卫星是美国的高轨电子侦察卫星，通过直径约 106 米的抛物面反射天线汇聚微弱的微波信号。首颗卫星在 1995 年发射，目前共 6 颗卫星在轨。

此外，美国计划发展通用地面系统，对侦察监视卫星进行统一操控。

负责侦察监视卫星研制和运行的国家侦察局（NRO）在 2016 年地理空间情报研讨会上表示，正在开发的"未来地面体系"（Future Ground Architecture）通用地面控制系统，将允许情报界通过统一的平台操控侦察卫星，包括接收和处理信息，并且可定制及时、高度可信、可行的个性化情报，从而避免为每个项目建造独立的地面系统。新的地面系统将充分利用商业资源，提高处理速度和数据加密能力，并自动规划情报卫星获取更多的数据，以及发现隐藏的不寻常信息，进而预测目标的下一步行动。

2. 商业成像卫星进入发展新阶段，有效补充侦察监视能力

2016 年，美国商业成像卫星进一步发展，大中型卫星保持着全球领先能力，微小卫星星座建设取得新进展，具体如表 3 所列。这些商业成像卫星系统已成为美军侦察监视系统的重要补充，加强美军图像情报对战术行动的支持能力。

表 3　2016 年美国商业遥感卫星发射情况

卫星	商业公司	发射数量	说　明
"世界观测"－4	数字全球公司	1	分辨率：全色 0.31 米，多光谱 1.24 米
"群落"	行星公司	32	分辨率：3～5 米
"天空卫星"	贝拉公司	5	分辨率：全色 0.9 米、多光谱 2 米
"狐猴"	尖顶全球公司	16	气象业务
"探路者"	黑天全球公司	1	分辨率：多光谱 1 米

2016 年 11 月，数字全球公司"世界观测"－4 卫星成功发射。该卫星是全球第 2 颗分辨率为 0.31 米的商业卫星，可与该公司其他 4 颗卫星组成星座的日重访频次达 4.5 次/天，显著提高对目标的重访频次数，可保障对热点地区的高分辨率观测能力。

微小卫星星座建设方面，行星公司 32 颗"群落"卫星、贝拉公司

（Terra Bella）5 颗"天空卫星"、尖顶全球公司 16 颗"狐猴"卫星、黑天全球公司"探路者"卫星均成功发射。其中行星公司从 2010 年起已发射 11 批共计 141 颗卫星，目前在轨 81 颗。贝拉公司"天空卫星"进入正式部署阶段，与试验卫星相比，业务型号增加了推进系统，可进行轨道位置维持。这表明微小卫星成像技术日趋成熟，正在从试验走向业务应用，推动天基对地观测从麦管式的过顶观测发展到全球范围的实时连续观测。

（二）俄罗斯增强天基侦察监视能力

俄罗斯现役侦察监视卫星系统由光学、雷达成像侦察卫星，光学测绘卫星，电子侦察卫星等组成，已基本实现新旧型号交替，并进一步补充在轨数量，增强天基侦察监视能力。2016 年，俄罗斯发射一颗"猎豹" - M（Bars - M）光学测绘卫星，使在轨的侦察监视卫星达到 8 颗（表 4）。该卫星是第 2 颗"猎豹" - M 系列卫星（编号"宇宙" - 2515），首颗卫星于 2015 年 2 月发射。卫星采用光电传输方式取代早期的"琥珀" - 1KFT 胶片返回式卫星，共计将研制 6 颗。俄罗斯从 2008 年以来已陆续部署新型侦察监视卫星，包括"角色"（Persona）、"兀鹰"（Kondor）成像雷达卫星，"莲花"（Lotos）电子侦察卫星，"猎豹"光学测绘卫星等，有效支持了俄军在局部地区的军事行动需求，具体如表 4 所列。

表 4　俄罗斯侦察监视卫星在轨情况

类型		卫星	在轨数量	基本性能
图像情报	光学侦察	"角色"	2	分辨率 0.33 米
	光学测绘	"猎豹" - M	2	分辨率 1.1 米，采用双线阵相机
	雷达侦察	"兀鹰" - E	1	分辨率 1~3 米
信号情报	电子侦察	"处女地" - 2	1	
		"莲花"	2	

（三）其他国家积极发展侦察监视卫星

日本积极发展侦察监视卫星，在提高性能和数量的同时加强小型化研究；印度、以色列成功部署新型卫星，推动现役型号更新换代；秘鲁、土耳其利用欧洲成熟技术分别部署了各自首颗侦察监视卫星，实现高分辨率成像侦察能力。

1. 日本谋划进一步发展侦察监视卫星系统

2016 年 4 月，日本完成对《宇宙基本计划》的修订，强调提高"情报收集卫星"的性能和增加卫星数量，并且开展卫星小型化的研究。根据相关计划，"情报收集卫星"系统将由"2＋2"体制转为"4＋4＋2"体制，形成由 4 颗目前运行的"基础卫星"、4 颗新型"多时间轴卫星"，加强对"基础卫星"识别出的目标进行动态监视，可对目标进行 1 天多次拍摄。首颗"多时间轴卫星"计划在 2024 年发射。

2. 印度逐步提高天基侦察监视能力

2016 年 6 月，印度成功发射"制图卫星"－2C（Cartosat－2C）卫星。该卫星是"制图卫星"－2 系列的第 4 颗卫星，由于轨道高度从 630 千米降至 505 千米，卫星空间分辨率从 0.8 米提升到 0.65 米；除全色相机外，还增加了一台分辨率 2 米的多光谱成像相机。"制图卫星"－2 卫星是印度军民两用卫星，从 2007 年开始部署，共计研制 6 颗。最后 2 颗卫星计划在 2017 年发射，实现卫星的更新换代。印度天基侦察监视能力主要由 5 颗"制图卫星"和 2 颗"雷达成像卫星"（RISAT）提供。后者搭载 C 频段或 X 频段合成孔径雷达（分辨率约 1 米）。

3. 以色列推动侦察监视卫星更新换代

2016 年 9 月，以色列成功发射"地平线"－11（Ofeq－11）卫星。该卫星是以色列新型光学成像侦察卫星，分辨率可优于 0.5 米。在以色列现役的 4 颗光学成像侦察卫星中，有 2 颗卫星的运行时间已超过或接近 10 年。"地平线" –11 的部署将推动以色列侦察监视卫星的更新换代。

二、创新型卫星成像技术涌现，突破传统设计方案

国外卫星成像技术快速发展，美国提出多项创新型的卫星成像技术和卫星图像处理技术，突破了传统光学成像系统设计；俄罗斯、欧洲积极发展较低频率的合成孔径雷达，形成更强的地表穿透能力。

（一）微缩干涉阵列望远镜大幅降低成像系统质量

2016 年 1 月，美国洛克希德·马丁公司和加州大学（戴维斯分校）联合研制"蜘蛛"干涉光学成像系统，利用近 1000 个微型干涉仪组成的阵列进行干涉成像，取代传统光学成像系统的望远镜和焦平面阵列，且尺寸和质量仅为传统系统的 1%。"蜘蛛"系统的全称为"分块式平面光电成像探测器"，由微型干涉仪阵列、光子集成电路（PIC）以及相应的支撑结构组成，如图 2 所示。微型干涉仪阵列采用 37 组干涉仪辐射状排列而成，每组包括 14 个微型干涉仪。"蜘蛛"系统未来将大幅降低光学成像系统的成本，可为微纳卫星、小型无人机等平台提供更大孔径和更高分辨率的成像设备。

微型干涉仪阵列

阵列固定板

支撑结构

光子集成电路

刚性背板

图 2 美国"蜘蛛"干涉光学成像系统组成

（二）光子筛薄膜衍射成像技术进行测试

美国国家航空航天局（NASA）正在测试一种利用光子筛（photon sieve）薄膜的衍射成像技术，以解决光学成像系统的研制成本高、加工难度大、大口径空间望远镜发射等问题。光子筛是一种衍射光学器件，在硅晶片上利用光刻加工技术精确排列数百万个"洞"，如图3所示。2016年7月，NASA戈达德航天飞行中心完成制造3个直径3英寸（约76毫米）的光子筛，并完成成像能力测试，准备进行后续的振动测试，以确保可承受发射时的加速度。每个光子筛上约有1600万个精确尺寸和位置的洞。NASA开展的项目希望研制直径至少1米的光子筛，利用编队飞行的2颗立方体卫星观测太阳日冕，其在紫外谱段的角分辨率要比目前的"太阳动力学天文台"（SDO）提高100倍。

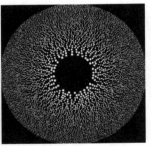

图3　红色激光经光子筛后形成的衍射图像（左）及光子筛（右）

（三）模块化空间望远镜大幅提升观测能力

2016年，美国国家航空航天局资助加州理工大学采用空间机器人在轨建造大型"模块化空间望远镜"，计划应用模块化结构和空间装配机器人技术，分批发射空间望远镜的部件，并进行在轨组装，避免现役运载火箭的运载能力和尺寸限制。在模块化技术方面，美国从20世纪90年代末已开展空间分块展开光学成像技术研究，并实施"詹姆斯·韦伯"空间望远镜、

"分块反射镜望远镜"侦察卫星等项目。其中"分块反射镜望远镜"项目在2005年完成样机研制后终止，而"詹姆斯·韦伯"空间望远镜在2016年已完成18块口径1.1米的子镜拼接，形成了口径6.5米的大口径主镜，如图4所示。这是当今世界上口径最大的空间望远镜主镜。"詹姆斯·韦伯"空间望远镜预计在2018年发射。在空间自主装配技术方面，美国国防高级研究计划局正在实施"空间光学孔径自装配"（OASIS）项目，利用小型模块化卫星技术、在轨服务技术、拼接主镜技术，试图在轨建造口径5米的光学成像系统。该系统由多个独立载荷发射的小型模块化组建在轨自动装配而成，其结构复杂，结构精度要求极高。

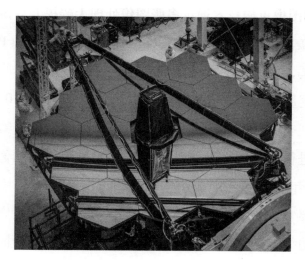

图4　组装完成的"詹姆斯·韦伯"空间望远镜主镜

（四）极限光学及成像系统兼具多种成像能力

DARPA在2016年发布"极限光学及成像"（EXTREME）项目的跨部门意见征询书，将结合光学系统设计、材料与制造以及多尺度建模与优化等多领域技术研发新型高性能光学成像系统。该项目计划验证一个具有特殊表面的光学系统,可使光线的传播控制不受限于特殊的几何形状,并且能够进行调整。这种光学材料可同时具备二维超表面(Metasurface)和三维立体光学(Volumetric Optics)、全息等特性,从而实现超过经典反射和折射规则的光线控制方式。新的光学系统可在可见光和红外谱段同时实现多种功能,如成像、光谱分析、极化测量等。如果取得成功,"极限"项目可能引领国防光学和成像设备的新时代,其光学器件将更轻、更小,也可使最小化应用于情报、监视与侦察的成像系统。这些多功能的设备可能用于改进多种成像系统,如夜视镜、超光谱成像仪、红外搜索与跟踪系统等,将兼具高性能和轻质量等特点。

(五)空间图像重构技术通过多张图像处理大幅提升分辨率

2016 年,美国谷歌公司和康奈尔大学提出的"帕萨"(PAISR)图像重构技术取得进展,可进行图像过滤器优化,重构出相当于原始分辨率的图像细节,生成速度比线性、双三次、兰索斯等解析方式快 10 ~ 100 倍。该项技术在不改变现有卫星硬件的前提下,利用单颗或多颗侦察卫星对同一目标的多张图像进行图像后期处理和合成,大幅提升卫星图像的分辨率。谷歌公司从 2015 年开始研究"帕萨"技术,以解决网络照片的低分辨率问题,其采用机器学习方法,对多张不同分辨率图像进行程序训练,其图像过滤器可根据边缘、亮度、色彩梯度及纹理区域等图像特征,消除图像的原始噪声或由各类压缩算法形成的细节损失,从而生成高分辨率图像。法国对"斯波特"(SPOT)卫星图像进行亚像元的多次采样,得到图像的冗余信息进行重构。这种方法不仅对硬件平台要求高,造价昂贵,而且大量插值严重破坏了图像细节。

(六)P 频段合成孔径雷达技术开展在轨验证

2016 年,P 频段合成孔径雷达技术取得重要进展,俄罗斯实施相关技术的在轨验证，欧洲启动新型卫星研制。4 月，俄罗斯成功发射的 Aist – 2D 技术试验卫星搭载了一台双基地 P 频段合成孔径雷达，能够探测植被下隐藏的目标和地下特征，以及收集全球地质学和植被生物量数据。该雷达的多模式脉冲发射机搭载在卫星上，发射带宽 1～30 兆赫的稳定信号，载波频率 435 兆赫，发射功率 200 瓦；双通道接收机部署在地面，可实现电离层校正。雷达的分辨率 5～30 米，成像范围 10 千米（条带），垂直精度 5 米。5 月，欧洲航天局（ESA）启动研制"生物量"（Biomass）P 频段合成孔径雷达卫星，计划在 2021 年发射，工作频率 420～450 兆赫，可观测全球大部分森林地区在多个生长周期内的生物量年度变化。由于工作频率远低于 X 频段或 C 频段，P 频段合成孔径雷达具备较强的穿透能力，可改善森林覆盖区域的数字高程地图等。由于美国及其盟友的地基导弹预警与空间监视系统——"空间目标跟踪雷达网络"也采用了相近频段，因此在北美、英国、格陵兰岛、土耳其等部署上述系统地区的测量精度将会受到干扰。

三、结束语

侦察监视卫星是未来获取战场信息的重要途径，也成为越来越多国家首要发展的目标。"在邻里效应推动下，未来 10 年将有更多国家发展军用或军民两用成像卫星系统。"在此背景下，美国发展的微缩干涉光学成像技术、衍射光学成像技术等采用全新的技术路径，有望从根本上改变天基光学成像系统制造方式，深刻影响未来天基侦察监视系统发展和应用模式，推动航天侦察监视装备跨越式发展，大幅提高航天系统的效能。

（中国航天系统科学与工程研究院　陈建光）

2016 年军用通信卫星技术发展综述

2016 年，全球拥有军用通信卫星的国家队伍继续壮大，除美国、俄罗斯、欧洲、印度等国家或地区外，日本、加拿大等国家正在推进军用通信卫星系统建设工作。另外，美军着眼太空安全环境面临的新挑战，积极探索下一代军用通信卫星体系结构调整策略。同时，美欧继续引领通信卫星技术发展前沿，推动激光通信、全电平台、软件定义通信卫星等技术取得重要进展。此外，为满足日益增长的军事通信需求，美欧还在继续利用商业卫星服务军方并不断探索新思路。2016 年，仅美国发射了 3 颗军用通信卫星，如表 1 所列。

表 1 2016 年国外军用通信卫星发射情况

卫星名称	发射日期	轨道高度	定点位置	设计寿命 /年	卫星质量 /千克
"移动用户目标系统" -5 （MUOS -5）	2016.6.24	地球静止轨道	104.9°W	10 ~ 12	6804
"卫星数据系统" -4 （SDS -4）	2016.7.28	地球静止轨道/ 大椭圆轨道	92°E	—	—
"宽带全球卫星通信" -8 （WGS -8）	2016.12.07	地球静止轨道	—	14	5987

截至 2016 年 12 月 31 日，国外共 4 个国家和地区拥有 100 颗军用通信卫星，其中，美国 43 颗、俄罗斯 38 颗、欧洲 17 颗、印度 2 颗，如图 1 所示。

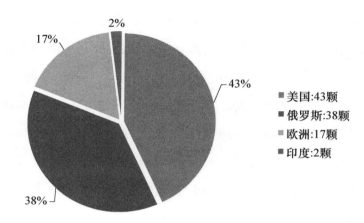

图 1　各国在轨军用通信卫星数量（截至 2016 年 12 月 31 日）

一、继续完善现役军用通信卫星系统，探索新一代通信体系结构

2016 年，美国新一代军用通信卫星建设取得阶段性进展，并开始探索新一代军用通信卫星体系结构。日本和加拿大为解决新的军用通信需求，也开始加紧建设本国的专用军用通信卫星系统。

（一）美国推进军用通信卫星系统更新换代

美国军用通信卫星主要包括宽带、窄带、受保护和中继等 4 种类型，长期以来一直承担卫星军用通信的骨干任务。2016 年，这些卫星系统取得一些新进展。

宽带通信卫星方面。2016 年 12 月，美国发射"宽带全球卫星通信"－

8（WGS－8）卫星。WGS－8 卫星使用更高效的数字信道，容量比先前的 WGS 卫星增加 45%，将进一步提升美军宽带通信能力。WGS 是全球容量最大、传输速率最高的军用宽带卫星通信系统，计划部署 10 颗，目前已有 8 颗在轨，可为固定用户提供高速 X 和 Ka 频段双向宽带通信、Ka 频段单向广播以及 Ka 频段空基情报、侦察与监视平台数据回传等战场通信服务。

窄带通信卫星方面。2016 年 6 月，"移动用户目标系统"－5（MUOS－5）卫星发射入轨，标志着美军新一代窄带通信卫星系统 MUOS 完成整个星座部署。MUOS 系统由 4 颗卫星和 1 颗在轨备份星组成，可大幅提升舰艇、飞机与车辆的移动通信能力。MUOS 卫星利用透明转发体制、宽带码分多址技术（WCDMA）和星上 14 米大型可展开多波束天线，容量达到 10.6 兆比特/秒。

数据中继卫星方面。2016 年 7 月，美国国家侦察局（NRO）发射"卫星数据系统"－4（SDS－4）卫星。该卫星是第四代 SDS 中继卫星系统的首颗卫星，用于向美国本土及时回传侦察监视数据。

积极探索未来军用通信卫星体系结构。2016 年 3 月，美国国防部透露下一代通信卫星可能放弃区分宽带、窄带和受保护通信的卫星通信体系，构建新的军用通信卫星体系结构。此外，美国国防部还在探索通过下一代通信卫星与盟友建立更紧密合作关系的可能性，在投资 WGS 部分卫星建设以等比例换取接入整个星座方式的基础上，将美国对新系统的需求与盟国保持一致。

（二）日本加快发展专用军用通信卫星系统

日本原计划 2016 年夏季发射的首颗军用通信卫星"煌"－1（Kirameki－1）在运往发射场途中天线受损，发射计划被迫推迟至 2018 年。"煌"－2（Kirameki－2）卫星仍按原计划于 2017 年 1 月 24 日发射升空，"煌"－3

（Kirameki－3）卫星也将于 2020 年底发射。随着航天发展突破仅限于和平目的的法律限制，日本继公开发展光学与雷达侦察卫星、"准天顶"导航卫星系统后，2012 年开始规划首个专用军用通信卫星系统——"X 频段防卫通信系统"，该系统由 3 颗 X 频段通信卫星和经升级改造的地面站组成，具备强抗干扰、大容量、高速率等通信优势，将整合陆、海、空自卫队的通信能力，突破当前日本陆、海、空自卫队间通信制式不兼容、互联不畅通的瓶颈，支撑亚太地区陆、海、空自卫队之间的直接通信，确保日本自卫队指挥控制、信息共享与网络攻击应对能力，进一步完善日本军用航天装备体系。

（三）加拿大构建满足自身作战需求的军用通信卫星系统

2016 年 6 月，加拿大宣布计划 2023 年构建支持北极地区 24 小时通信的军用通信卫星系统。该系统至少包括 2 颗大椭圆轨道卫星，将解决加拿大北极地区难以实现卫星通信覆盖的问题，满足船舶航行与北极地区作战的通信需求。加拿大还在考虑花费约 4 亿～12 亿美元，投资建造第 6 颗 MUOS 卫星，以获得整个 MUOS 星座的通信服务。

二、卫星通信技术发展取得新突破，新技术实用化步伐加快

2016 年，美欧积极研制先进通信卫星技术，以提升自身竞争力。卫星激光通信技术迈入实用化阶段，全电推进平台技术、抗干扰技术、小卫星通信技术、软件定义卫星技术等可能成为未来发展的重点。

（一）卫星激光通信技术迈入实用化阶段

2016 年 1 月，欧洲航天局激光通信载荷"欧洲数据中继系统"－A（EDRS－A）搭乘"欧洲电信卫星"－9B 通信卫星成功入轨，定轨于东经

9°的地球同步轨道，成为 EDRS 系统首个通信节点，6 月首先为欧洲"哨兵"对地观测卫星提供激光数据中继服务，并于 11 月正式投入运行。EDRS－A 载荷配置一套激光收发器和一套 Ka 频段微波收发器。星载激光收发器可提供双工激光通信链路，能在相距 45000 千米的在轨航天器之间提供 1.8 吉比特/秒的高速率数据中继服务。Ka 频段微波收发器可提供 300 兆比特/秒的星间及星地数据中继服务。激光通信链路的整个捕获、对准和建立连接过程可在 55 秒内完成，并能够在 7.8 千米/秒的相对速度下保持连接，跟踪精度约为 2 微弧。EDRS－A 激光通信载荷成功部署，标志星间激光通信技术开始进入实用化阶段，是欧洲实施"空间数据高速公路"计划迈出的关键一步，为后续建立全球覆盖的高速星间激光通信链路，实现星间、星地及空基平台与卫星之间的高速率、低延时、强安全传输奠定了基础。

（二）全电推进平台技术提升卫星研制能力

2016 年 3 月，欧洲航天局（ESA）授出"伊莱克特拉"（ELECTRA）新一代卫星计划的下一阶段研发合同，旨在开发并验证质量 3 吨以下的地球静止轨道通信卫星全电推进卫星平台技术。项目主承包商 OHB 公司将开发全电推进卫星平台。全球首批采用全电推进平台的地球静止轨道通信卫星——"亚洲广播卫星"（ABS－3A）和"欧洲通信卫星"（Eutelsat－115 West B），已于 2015 年成功部署，成功验证了全电推进卫星平台技术轨道转移的可行性和可靠性。而"伊莱克特拉"项目属于小型地球同步轨道系列，ESA 和德国宇航中心（DLR）对项目进行投资，目的是开发通用目的的小型地球静止轨道卫星平台。该项目将推动欧洲新一代卫星研制，提升未来通信卫星平台搭载能力。

（三）探索提高宽带通信卫星抗干扰能力的新途径

2016 年 8 月，美国空军新型"受保护战术波形"（PTW）项目进入产品应用验证阶段，计划在 2020 年前完成对新型 PTW 调制解调器的验证。新型"受保护战术波形"采用跳频扩频（FHSS）技术，可提供更强的抗干扰能力，是当前"受保护战术波形"和商业波形的结合。美国空军希望通过该项目，将军用或商用宽带通信卫星应用终端的现有调制解调器更换为 PTW 调制解调器，实现受保护战术波形信息传输，用以提高安全级别较低的军用或商用通信卫星的通信防护能力。该项目目前经历了概念研究、产品研发、产品应用验证等 3 个阶段，可能为美国未来战术通信卫星体系的发展奠定基础。

（四）小卫星通信技术备受关注

美国陆军推进小卫星通信技术演示验证。2016 年 9 月，美国陆军公布"陆军全球动中通卫星通信"（ARGOS）项目，验证低地球轨道小卫星星座为特定地区提供持续通信的能力。ARGOS 项目将构建由 16 颗小卫星组成的星座，为美国南方司令部、非洲司令部和太平洋司令部所辖的部分战区提供持续可信通信。与之前进行的"SMDC 作战纳卫星效能"（SMDC - ONE）和"SMDC 纳卫星"（SNaP - 3）两个项目中的小卫星相比，ARGOS 项目的小卫星将具备 UHF 频段和 Ka 频段通信能力，实现更高频率通信和更快的数据传输速率。

美国国防高级研究计划局（DARPA）开展小卫星激光通信技术研究。2016 年 7 月，DARPA 向 LGS 创新公司授出为期两年、价值 500 万美元的"小卫星传感器"项目合同，用于研发小卫星间激光通信技术，为作战人员提供高带宽、抗干扰、低截获率的通信服务，提高美军作战能力。LGS 创新公司将研发两个质量不到 0.9 千克的轻量级激光通信终端，且功耗不超过 3 瓦。这两个终端最终将搭载在质量不到 45 千克的一对 DARPA 卫星上进行飞行试验。目前，该项目的两项关键技术——光纤制备技术和存储转发技术，已取得突破。DARPA 目前尚未透露目标数据传输速率，但 LGS 创新公司通常采用的标准光学通信数据速率可达 2.5 吉比特/秒以上。

（五）软件定义卫星的波束成形技术实用化步伐加快

2016 年 1 月，欧洲空客防务与航天公司授予美国安伦公司（Anaren）一份价值 700 万美元的合同。安伦公司将为"欧洲通信卫星—量子"（Eutelsat Quantum）卫星研制先进的波束成形装置，计划 2017 年交付首个实用化硬件。为了实现在轨灵活适应性，安伦公司将把主动射频波束成形和控制功能集成到一个装置，以满足新平台的尺寸、重量和功率需求。"欧洲通信卫星—量子"有望成为世界首个完全可重构商业卫星，将具备 Ku 频段软件定义"接收"和"发送"覆盖能力、在轨干扰探测和消除能力，以及灵活的波束可控性、频率调节和带宽再分配功能。

三、充分利用民商资源，提高军用卫星通信能力

面对日益紧张的卫星通信频率与容量资源，美国和欧洲国家积极寻求多种军民融合新途径，以求充分、有效地利用民商资源，提升军用卫星通信能力。

（一）美德继续采购传统商业卫星通信服务

2016 年 5 月，德国军方将空客防务与空间公司提供的商业卫星通信服务延续到 2023 年。空客防务与空间公司从 2006 年开始为德国军队提供商业卫星通信服务，包括在德国主要基地之间以及海军舰船之间提供 C 频段、Ku 频段的语音和数据连接，使德国军队获得了更为灵活的通信能力。

2016 年 6 月，美国国防信息系统局（DISA）与卫讯（ViaSat）公司签署价值 7300 万美元的卫星通信服务合同，用以为"空军一号"及政府高级

领导人的飞机机队提供 Ku 频段、Ka 频段的机上卫星通信服务，该合同将持续至 2018 年 5 月 31 日。目前，美国空军正在对国家总统、副总统、国防部长、国务卿、参谋长联席会议主席等用的飞机机队进行现代化改造，计划用卫讯公司的设备替换现有的硬件设备，以便于利用商业卫星通信服务。

（二）美国探索采购商业卫星通信容量新途径

2016 年 7 月，美军"探路者"项目的第二种途径因法律问题被迫推迟。该项目旨在帮助美军探索卫星容量采购多种方法途径。在"探路者"项目的第二种途径中，美国空军希望在卫星发射前，通过采购或租用商业卫星转发能力，获得访问全部星座的权利。该途径使美国空军可以根据需求采购最佳轨位的卫星转发能力，而不是被迫接受不能满足军用需求的转发能力。与以往使用传统的运营和维护经费购买转发器能力不同，美国空军正在寻求使用研制经费购买转发器能力的途径，而这种途径是否符合当前的拨款法还有待商榷。因此，原本计划 2016 年初发布的意见征询尚未发布，在 2017 财年前也不会授出合同。

（中国航天系统科学与工程研究院　梁晓莉）

2016 年导航定位卫星技术发展综述

2016 年，国外导航定位卫星发展势头不减，在完善现有导航系统的同时，积极推进新一代导航卫星系统建设，导航卫星多系统竞争更加激烈，先进导航卫星载荷技术不断取得新进展。

2016 年，国外共进行 8 次导航定位卫星发射任务，将 12 颗导航定位卫星送入轨道，其中美国发射 1 颗，俄罗斯发射 2 颗，欧洲发射 6 颗，印度发射 3 颗。截至 2016 年 12 月 31 日，国外共有 84 颗导航定位卫星在轨工作，分属 5 个卫星导航定位系统（图 1），包括：已经完成建设的美国"全球导

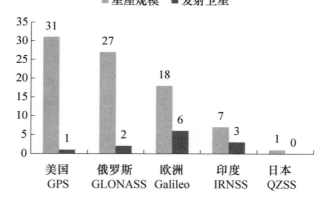

图 1　卫星发射活动与在轨规模（截至 2016 年 12 月 31 日）

航系统"（GPS），俄罗斯"格罗纳斯"（GLONASS）；正在建设中的欧洲"伽利略"（Galileo），日本"准天顶导航卫星系统"（QZSS）以及印度"印度区域导航卫星系统"（IRNSS），其中前三者为全球卫星导航定位系统，后两者为区域卫星导航定位系统。

一、美国积极推进 GPS 完善与升级

2016 年，美军继续推进"GPS 现代化改进"计划，不仅完成第二代 GPS 卫星的所有发射工作，而且在第三代 GPS 卫星及其配套地面系统的研制上达到关键节点。截至 2016 年底，GPS 共有 31 颗卫星在轨工作，包括 12 颗 GPS－2R、7 颗 GPS－2RM 以及 12 颗 GPS－2F 卫星。

推进现役 GPS 星座补充完善。2016 年 2 月，美军发射最后一颗 GPS－2F 卫星，替换 GPS－2R 6 卫星。GPS－2F 是第二代 GPS 导航卫星最后一个改进型号，共包括 12 颗卫星，在 2010 年开始进行发射。该型卫星升级了星上软件，增加首个第三代民用导航信号（L5 频段）。根据美国联邦航空管理局发布的 GPS 性能分析报告数据，GPS－2F 发射完毕后，GPS 定位精度达到 1～2 米，垂直定位精度达到 3～4 米，授时精度优于 10 纳秒。

继续推动新一代导航卫星研制。GPS－3 卫星是美国第三代导航定位卫星，主要分为三批次，第一批包括 10 颗卫星，由洛克希德·马丁公司担任主承包商。首颗 GPS－3 卫星原计划 2014 年发射，但研制过程技术问题频发（如其导航载荷曾因信号串扰问题延期 10 个月交付），进度一再延期，目前仍处于研制测试中。2016 年 1 月，该卫星完成了热真空测试、声学测试、振动测试等关键系统级测试，进一步验证了整颗卫星的设计；但在 9 月进行的导航载荷测试中发现卫星存在陶瓷电容器件故障，卫星交付时间被

迫再度延期 4 个月，预计发射时间将推迟至 2018 年后。第一批 GPS-3 卫星相比上一代 GPS 卫星，更加注重系统的可靠性和抗干扰能力。第一批 GPS-3 卫星寿命提高到 15 年；增强军用 M 码信号对地球的覆盖性能；新增功率更高、采用二偏移载波调制方案的第四代民用信号 L1C，提高了与"伽利略"等卫星导航系统的互操作性；开展 Ka 频段星间链路技术的演示验证；星地、星间通信速率提高至 100 兆比特/秒。

鉴于首颗 GPS-3 卫星出现的众多问题，美军在 2016 年有意调整下一批次 GPS-3 卫星研制承包商。美国空军 5 月向波音、洛克希德·马丁和诺斯罗普·格鲁曼三家公司分别授出 600 万美元合同，验证这三家公司是否具备建造 GPS-3 第二批卫星的能力。第二批卫星将基于第一批 GPS-3 卫星设计基线并可能采用弹性设计，通过在轨重编程、在轨升级和在轨增加新信号或新任务的能力，以可靠简便的方式实现卫星在研制和部署中的技术更新。与第一批卫星相比，第二批 GPS-3 卫星新增了重新设计的核探测载荷、搜索与救援系统以及区域军用信号增强能力，支持更加复杂的对抗环境中的卫星导航定位。

新一代 GPS 地面运控系统取得一定进展，但进度滞后和成本超支问题严重。2016 年 3 月和 6 月，美国雷神公司相继完成"运行控制系统"（OCX）的发射与校验系统、监测站接收机部件等多项相关试验，验证了 OCX 与 GPS 外部接口的安全性。OCX 系统是与 GPS-3 卫星相配套的新一代地面运控系统，不仅可操作控制原有的 GPS 在轨卫星，而且支持 GPS-3 卫星创新功能实现。该系统 2007 年启动建设，然而在实施中出现了频繁更改方案、不能及时识别解决技术困难等众多问题，因此一再延期至 2022 年实现交付。项目成本也由原计划的 15 亿美元攀升到目前的 53 亿美元。2016 年，该建设项目因严重超支触发美国纳恩·麦克科迪法案，遭到美国国会深度调查。但鉴于 GPS－3 卫星系统对美国国家安全的高度重要性，OCX 项目最终仍然获得了美国国会和美国空军的支持，将继续推进研制部署。

二、俄罗斯"格罗纳斯"系统研制和部署在困难中前行

2016 年，俄罗斯继续推进 GLONASS 建设，不仅补充更换两颗退役卫星，而且其第三代导航卫星经过 3 年在轨验证终于投入使用，地面系统建设不断开拓，将促进 GLONASS 性能显著提升。截至 2016 年底，GLONASS 共有 27 颗卫星在轨运行，包括 25 颗 GLONASS－M 和 2 颗 GLONASS－K1 卫星，其中，24 颗卫星处于正常工作，2 颗卫星在轨备份，1 颗 GLONASS－K1 卫星处于在轨测试。

继续推进 GLONASS 的补网发射。2016 年 2 月和 5 月，俄罗斯分别发射一颗 GLONASS－M 卫星，取代两颗退役卫星。GLONASS－M 卫星是俄罗斯第二代导航定位卫星，由俄罗斯列舍特涅夫信息卫星系统公司研制。与第一代导航卫星 GLONASS 相比，该型卫星对星钟和天线系统性能进行了改进，携带的三台铯原子钟稳定性提高到 1×10^{-13}，天线等效全向辐射功率达到 25~27 分贝·瓦，卫星寿命由 3 年提高至 7 年，定位精度达到 2.8~3.2 米。目前，俄罗斯储备有 7 颗该型卫星，计划在 2017—2018 年发射 3 颗。

着力推动新一代 GLONASS 卫星的研制和服役。俄罗斯首颗第三代 GLONASS 卫星 GLONASS－K1 于 2016 年 2 月完成在轨测试，正式投入使用。该卫星于 2014 年发射。2011 年发射的另一颗该型卫星也已完成服役准备。俄罗斯第三代 GLONASS 卫星包括 K1 型和 K2 型，设计寿命均可达 10 年。K1 型是测试型号，主要对星上铷原子钟载荷和首个码分多址（CDMA）民用试验信号（L3 频段）进行测试。CDMA 信号体制可提升 GLONASS 与

其他应用该信号体制导航系统（包括 GPS、Galileo 等）的兼容互操作性，有利于推广 GLONASS 应用。K2 型是业务型号，将搭载新型氢原子钟，稳定性达到 5×10^{-15}。由于 2014 年以来美俄争端引发西方国家对俄电子元器件出口限制，K2 型卫星研制出现困难，无法按计划服役，俄罗斯适时调整发展规划，将 K1 型卫星作为未来数年内的主力部署型号，并开始批量生产。俄罗斯航天国家公司目前已规划建造 9 颗 GLONASS - K1 卫星，将于2018 年启动发射。2020 年俄罗斯还将完成完全国产化的 GLONASS - K2 卫星研制。届时，GLONASS 星座将由 GLONASS - M、GLONASS - K1 和 GLONASS - K2 卫星构成，在轨规模将达到 30 颗。

GLONASS 地面系统不断拓展。目前 GLONASS 地面运控站点主要分布在俄罗斯和独联体国家境内。为了增强 GLONASS 全球完好性监测，俄罗斯积极推动境外布设 GLONASS 站点，已在境外的巴西、尼加拉瓜和南极圈设有地面测量站，2016 年又在巴西境内新增了 2 个地面测量站。

三、欧洲"伽利略"导航系统投入初始运行

2016 年，欧洲通过 2 次发射任务将 6 颗"伽利略"卫星送入轨道，达到 18 颗在轨规模，于 12 月实现初始运行能力，完成了导航系统阶段性建设目标。"伽利略"系统最终建设目标是在 2020 年拥有 30 颗在轨卫星，可在全球范围实现导航定位，以确保欧洲卫星导航领域独立性。

"伽利略"星钟故障可能影响系统部署。"伽利略"卫星质量 675 千克，可以进行一箭多星发射；星上携带 2 个铷原子钟（原子频标）和 2 个被动型氢原子钟，设计寿命 12 年。系统部署完成后预计定位精度将优于 4 米，授时精度优于 30 纳秒。目前，该系统已经开始运行，但系统可靠性和定位

精度都远没有达到设计要求。2016 年 10 月，"伽利略"系统出现了大面积星钟故障，4 颗卫星受到影响，包括 6 个铷原子钟和 3 个氢原子钟。尽管该故障尚未造成卫星失效，不影响系统正常工作，但原计划在 2017 年、2018 年进行的 2 次"一箭四星"发射任务可能会被迫推迟。

"伽利略"地面系统服务进一步完善。2016 年 12 月，欧洲卫星导航局（GSA）向欧洲空间奥博公司授出"伽利略运营商"合同，合同金额达 15 亿欧元。该合同授出标志着"伽利略"系统由研发阶段转入运行阶段。欧洲空间奥博公司是由德国航天局和意大利空间电信公司联合投资组建的合资公司。根据该合同，空间奥博公司将负责"伽利略"系统地面主控站（GCC）和卫星导航服务中心（GSC）的安全运营，管理"伽利略数据分发网络"，承担全部空间段和地面段的维护与后勤支持，并负责监控系统性能状态。

四、印度完成区域导航卫星系统部署

2016 年，印度卫星导航系统发展实现突破，建成自主区域性卫星导航系统，获得区域性自主卫星导航能力。2016 年 4 月，印度成功发射"印度区域导航卫星系统"（IRNSS）系列最后一颗卫星 IRNSS－G，标志该系统完成空间段 7 颗卫星组网部署。IRNSS 于 2006 年开始建设，包括 3 颗地球静止轨道（GEO）卫星和 4 颗倾斜地球同步轨道（IGSO）卫星，覆盖 40°（E）～140°（E）、40°（N）～40°（S）之间区域，可为印度国内及周边 1500 千米区域提供定位精度优于 20 米的精确导航定位服务。目前该系统正处于在轨测试。

IRNSS 卫星采用相同设计，每颗卫星质量 1425 千克，工作寿命 10～12

年。IRNSS 卫星采用 CDMA 导航信号体制，并选择信号较少的 S 频段
（2483.5~2500 兆赫）和 L5 频段（1164~1189 兆赫），有意避开与其他导
航系统可能存在的信号干扰问题。通过 L5 频段和 CDMA 信号体制设计，
IRNSS 保留了未来与 GPS、"伽利略"系统的兼容能力。IRNSS 卫星的有效
载荷大部分从国外采购。由于星上 3 台铷原子钟与"伽利略"的铷原子钟
都采购自同一家瑞士承包商，因此 IRNSS 可能也存在原子钟故障隐患。

五、卫星导航技术创新发展，新型载荷和服务不断涌现

美国探索不依赖 GPS 的卫星导航定位新途径。美国铱星通信公司在
2016 年 5 月宣布，搭载在该公司"下一代铱星"上的"卫星授时与定位"
（STL）系统已具备 GPS 备份或是补充 GPS 服务的能力。该系统由铱星公司
和赛特勒斯公司共同研制，将通过铱星公司 66 颗低轨通信卫星传输导航信
号。STL 系统使用与一张邮票大小相当的廉价芯片为地球任意位置的用户提
供位置、导航和授时服务，可以与手持设备、重型机械、汽车或能源网络
集成。该系统最大优势在于信号强度远超过 GPS 信号，因此不易受到干扰
和攻击，但其定位精度仅能达到数百米。目前该系统已被验证可用于军事、
学术和商业领域。

全数字化导航有效载荷成为第二批 GPS－3 卫星技术创新亮点。2016 年
2 月，美国哈里斯公司宣布将为美军第二批 GPS－3 卫星提供全数字化导航
有效载荷。全数字化导航有效载荷将在先进模块化设计、原子钟授时系统、
抗辐射加固计算机以及大功率发射机等方面优化性能，可实现 GPS 信号及
其传输的在轨可编程。该载荷可有效解决第一批 GPS－3 卫星导航载荷研制
过程中的频率干扰和信号串扰问题，因此获得美国国会高度关注，预计将

降低 GPS – 3 导航卫星研制成本。

　　天基光学原子钟技术朝实用化发展。2015 年 4 月和 2016 年 1 月，德国麦隆公司分别完成一次光学原子钟太空环境试验，测试了发射过程振动环境和太空微重力环境对光学原子钟性能的影响。试验结果表明该公司研制的光学原子钟太空运行性能与地面相同。传统原子钟通过原子在微波频率振荡获得时频，而光学原子钟通过光学频率振荡获得时频。由于光学频率是微波频率的 1 万倍，光学原子钟将比传统原子钟授时精度提升 100 ~ 1000 倍。此次试验的光学原子钟采用自动化光学频率梳（简称光梳）激光系统，结构紧凑，尺寸仅为 22 厘米×14. 2 厘米，重 22 千克，功耗仅 70 瓦，因而卫星上的电源能够满足光学原子钟供电需求。这次试验成功有望加速天基光钟的实用化，使未来卫星导航系统定位精度提升至厘米级。麦隆公司在 2017 年还将再度进行一次太空试验，以测试光学原子钟在真空条件的性能。此外，该公司正致力于研发体积数公升、质量数千克、功耗仅约 10 瓦的光钟。

（中国航天系统科学与工程研究院　　王聪）

2016 年太空对抗技术发展综述

2016 年，世界主要航天国家新一代太空目标监视技术进入工程应用与装备部署阶段，进一步增强相关国家太空非对称优势；天基操控武器使能技术、动能、定向能武器技术发展继续向前推进；美军将通过增强太空系统弹性，进一步提升太空任务的有效性。

一、主要国家新一代太空目标监视技术走向工程应用，太空非对称优势持续增强

（一）美国新一代太空目标监视技术实现重大里程碑

美军现已建成包括天基、地基监视装备在内的太空监视网，具有天地一体的太空目标监视能力。2016 年，美军地基光学望远镜、地基雷达、天基巡视侦察装备均取得重大进展。

1. 地基光学望远镜完成测试

2016 年 10 月，DARPA 向美国空军转交了新一代地基光学"太空监视望远镜"（SST）的控制权，标志着该望远镜已完成测试，进入装备部署阶

段。SST 具备短焦距、宽视场、高探测灵敏度以及快速伺服反应能力，可快速稳定探测无先验信息的目标，能单次探测到近地轨道至地球同步轨道 1 万个 8～10 厘米太空目标，探测精度和搜索覆盖率提高约一个数量级，几个晚上收集的探测数据量相当于现有地基装备几周甚至几个月提供的数据量。

SST 采用大型 3 层镜面"梅森·施密特"结构设计和曲面焦平面阵列探测器，保证在宽视场内获取高分辨率成像，如图 1 所示。该系统采用 3 面反射镜，主镜口径 3.5 米，次镜 1.8 米，三镜 2.3 米。同时采用 3 片透镜，校正像差。每面镜片均采用高次非球面镜设计，加工难度极大。SST 曲面焦平面阵列采用"真空压铸法"，利用模具真空将"电荷耦合器件"（CCD）压铸，获得弯曲的CCD，再通过拼接获得曲面焦平面阵列。

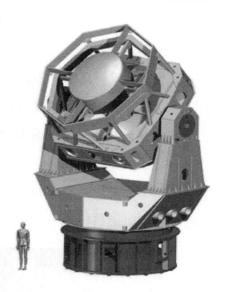

图 1 太空监视望远镜

通过在球形透镜中心设置光阑，可将各方向的入射光等效为近轴光线。这种新型成像系统几乎只有球形透镜固有的场曲像差，不再需要复杂的透镜系统对像面进行校正，可直接采用曲面焦平面阵列成像，既简化了成像系统的结构和设计过程，又缩减了整个系统的体积、质量和成本。

2. 美军地基 S 频段"太空篱笆"样机跟踪到首批太空目标

2016 年 1 月，S 频段"太空篱笆"样机在试验中跟踪到首批太空目标。S 频段"太空篱笆"是世界上最大的 S 频段单基地相控阵雷达，采用调频脉冲信号（频率为 2～4 吉赫），在东西方向扫描，发射波束宽度为东西120°×南北 0.2°，重点对中低地球轨道上尺寸不小于 5 厘米的目标进行跟

踪。该装备每天可探测 150 万次，跟踪 20 万个目标，最大探测高度 40000
千米。与上一代装备相比，"太空篱笆"太空目标探测数据将提高 10 倍，
太空分辨率大幅提升，探测同一目标的周期缩短。

S 频段"太空篱笆"包含 7 项关键技术：用于轨道估算的软件算法；高
效率的氮化镓（GaN）功率放大器；低成本分布式接收机；单片微波集成
电路；雷达阵列的大规模集成和校准；规模可调数字波束形成器；信息安
全认证标准的制定。其中，规模可调数字波束形成器应实现天线协同工作，
产生足够功率，完成太空监视与跟踪任务。

3. 美军高轨巡视侦察卫星 GSSAP 进入四星组网阶段

2016 年 8 月 19 日，美国空军两颗"地球同步轨道太空态势感知计划"
卫星（GSSAP）发射升空，将与首批入轨的两颗 GSSAP 卫星组成星座，共
同对地球同步轨道目标执行巡视侦察任务，如图 2 所示。

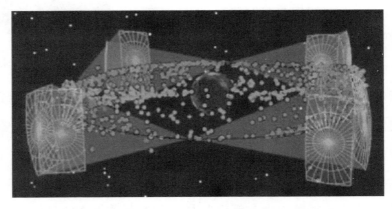

图 2　"地球同步轨道太空态势感知计划"四星组网示意图

GSSAP 单星质量 600 千克，星上安装有光电传感器（可能在正、负方
向上都安装有可见光的宽视场观测相机和窄视场成像相机，同时可能搭载
了红外相机）。GSSAP 具有高精确轨道机动能力，通过与地球同步轨道目标

的相对漂移，实现对地球同步轨道目标的交会逼近，详细成像侦察和获取电子信号情报。星座最短重访周期约 15 天，可支撑美军高轨态势感知能力向支持太空作战的目标技术侦察、行动意图判断等领域拓展。2016 年 8 月，美军利用一颗 GSSAP 机动到出故障的 MOUS 卫星附近，开展近距离检测。GSSAP 的关键技术包括：高机动小卫星平台；高轨抵近详查技术；GEO 目标天基光学成像观测系统；高轨多星联合观测技术等。

（二）俄罗斯持续升级地基太空目标监视装备

俄罗斯主要利用地基导弹预警雷达和地基光学监视望远镜实现对太空目标的监视，监视能力仅次于美国。2016 年，俄罗斯继续推进新一代监视装备的部署。

1. 新一代"沃罗涅日"预警雷达完成境内 7 个站点部署

2016 年 5 月，新一代"沃罗涅日"预警雷达叶尼塞市雷达站正式建成，投入试运行；6 月，西伯利亚乌索利耶市雷达站投入使用。2015 年以来，俄军已部署 7 个雷达站，预计到 2020 年将共部署 12 个雷达站，实现全部远程预警雷达的本土部署。新一代"沃罗涅日"预警雷达，最大探测距离6000 千米，可探测卫星，能同时监视 500 个目标，具有反应时间短、性能可靠、自动化程度高和寿命长等特点。

2. 俄罗斯新型"天窗"地基光电系统陆续部署

2016 年，俄罗斯继续推进新型"天窗"地基光电系统的部署工作。俄罗斯于 2002 年建成"天窗"地基光电系统，2015 年完成二期建设，将其升级为"天窗"－M。俄罗斯计划在 2018 年前再建设十余套"天窗"－M 系统，部署在阿尔泰及远东滨海边疆区。"天窗"－M 可自动计算目标位置坐标、精确测定其轨道参数、准确确定其功能；与升级前相比，其探测、通信和数据处理能力提升 4 倍。目前，俄罗斯还在远东兴建升级版"天窗"－S系统，深空监测功能更为强大，可探测10厘米以下微小目标，跟踪也更精确。

二、主要国家推进反卫星武器技术发展，将进一步提升太空慑战能力

美、俄、欧等国家和地区以太空碎片主动移除、在轨服务等名义开发的具备目标俘获能力的飞行器技术，属两用技术，可用于太空操控武器研究，客观上能为太空操控武器提供技术储备。美国较早意识到：发展针对地球同步轨道运行的昂贵并具有战略价值的卫星的生杀予夺能力，十分重要。美国在轨操作技术发展历时多年，通过"微卫星技术实验"（MiTex）等项目，在轨验证目标测量与识别、大范围轨道机动等支撑技术；通过"前端机器人使能近期演示验证"（FREND）等项目，在地面验证了非合作目标机械臂捕获技术等支撑技术；通过"轨道快车"等项目，综合验证了对在轨合作目标接近、停靠、抓捕、操作等关键技术。从2016年起，主要航天国家将通过"凤凰""机器人燃料加注""复元"－L（Restore－L）、"德国轨道服务任务"（DEOS）、"蜻蜓"、"地球同步轨道卫星机器人服务"（RSGS）等项目，开展燃料加注、在轨装配、重置、升级等面向任务的在轨演示验证，进而获取攻防兼备、慑战一体的慑战能力。

（一）美国天基操控武器使能技术获得不同程度发展

2016年3月，DARPA发布RSGS项目议案征询，推进可为同步轨道卫星提供维护服务的太空机器人在轨操作技术研发工作，预计2021年实施在轨验证。在轨操作内容包括：对目标星进行成像检查，了解运行状态；对目标星实施物理干预；抓取目标星，实现物理连接，调整其物理位置/轨

道；给目标星安装额外机械部件。RSGS 涉及的关键技术有：FREND 机械臂技术、机器人有效载荷飞行软件、机械臂末端系统、机器人工具组件等，RSGS 体系架构如图 3 所示。2016 年 12 月，NASA 向劳拉公司授出"复元" – L 项目合同，建造"复元" – L 任务卫星平台。目标有 3 个：一是 2020 年利用太空机械臂对近地轨道故障卫星"陆地星" – 7 实施在轨燃料加注；二是演示验证先进的机器人服务技术；三是为其他卫星提供服务。Restore – L 涉及到的关键技术有交会逼近操作系统、太空机械臂技术、先进工具等。此外，研究人员继续开发新型可用于空间攻防对抗的前沿技术，如 NASA 在 2016 年提出发展超轻、超薄、可变形、机动能力强的"膜航天器"太空碎片清除技术。

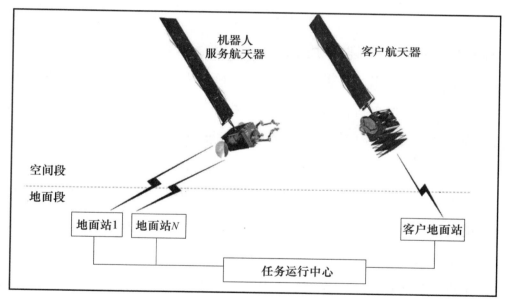

图 3　RSGS 体系架构图

（二）美俄积极发展地基反卫星技术

2016 年 3 月，美军明确提出将为太空控制投入 20 亿美元，重点发展进攻性空间对抗技术。美军通过"太空对抗系统"专项，继续升级地基射频反卫星武器"卫星通信对抗系统"，同时提升进攻性空间对抗装备的指挥与控制水平。2016 年 5 月和 12 月，美国媒体称，俄罗斯两次试飞"努多利"直接上升式反卫星导弹，并取得了成功。2016 年，俄罗斯还计划重启高功率机载激光器测试工作，目标是摧毁近地轨道侦察卫星；2016 年 7 月，俄罗斯研究人员公开试射具有攻击太空目标潜力的电磁导轨炮。

三、更多国家关注太空系统弹性等建设，太空任务有效性将获增强

近年来，美国、英国、日本以太空系统正受到日益严重的威胁为由，相继提出发展太空系统防护技术，以提高太空系统整体弹性。2015 年，美国国防部白皮书指出，将通过弹性等途径确保太空系统的有效性。2016 年底，美国国防部发布新版《太空政策》指令，太空系统完成任务的有效性将成为未来一段时间内美军太空部队重点发展的能力之一。

（一）美军将通过多种方式提升太空系统弹性

2016 年 10 月，美国国防部副部长助理将实现太空系统弹性的方式概括为功能分解、节点分散、主被动防护、多样化、扩散（D^4P^2）[1]，这既是美军对未来提升太空系统弹性的构想，也是军方近年实践经验的总结。美军持续推进"先进极高频"系统、"天基红外系统"后继系统的"分散"备

---

[1] 多样化是指采用多种方式执行同一任务，包括利用不同平台、不同轨道，或是利用商用、民用以及国际合作伙伴的系统和能力；扩散是指部署更多同样平台、同样有效载荷、同类系统执行相同任务，如在宽带全球卫星通信系统（WGS）星座中部署大量 WGS 卫星，或增加下行链路和数据处理设备。

选方案分析。除结构分散、功能分解、托管有效载荷、多轨道部署、多领域备份的分散式体系结构之外，潜在备选方案还包括大规模部署微小卫星、充分发挥星座作用等。

（二）美国航天部队新型作战指挥中心密集演习意在提升太空系统指控能力

美国国防部与国家情报总监办公室在 2015 年 10 月联合成立的新型"机构联盟的联合太空作战中心"（JICSpOC）已持续开展多轮太空作战军演。为更好地应对快速发展的威胁，美军在升级现有"联合太空作战中心"（JSpOC）指挥与控制能力的同时，成立 JICSpOC，目的是整合来自国防部、情报界、商业部门，甚至国外机构的相关数据，提高对潜在对手太空目标及活动的探测、描述、归因能力，提高对本国太空系统的指挥与控制能力。2016 年，DARPA 发布"特征"－ST 软件测试平台广泛机构公告，为两个作战中心开发太空指挥控制软件技术，提升其太空系统指控能力；美军还委托商业公司调用商业传感器对太空目标进行实时监视，为 JICSpOC 提供信息支持。

（中国航天系统科学与工程研究院　刘海印）

2016 年载人航天技术发展综述

2016 年，俄罗斯、美国和日本成功向国际空间站（ISS）发射了 4 艘载人飞船，7 艘货运飞船。俄罗斯的"联盟"飞船是目前唯一能向 ISS 运送航天员的载人飞船，完成 12 名航天员的轮换。俄罗斯的"进步"MS、美国的"龙"和"天鹅座"、日本的 HTV 货运飞船成功执行 7 次货运任务，完成 ISS 燃料和货物补给任务，如表 1 所列。围绕未来载人深空探测，在 ISS 上进行了多项重要试验。在新型载人飞船的研制方面，美国"猎户座"飞船、"龙"载人和"星际班机"进行多项关键试验与测试工作；俄罗斯"联邦"号开始建造；英国维珍银河公司的亚轨道载人飞行器"太空船二号"进行了首次试验飞行。

表 1   2016 年国外载人航天器发射情况

序号	国家	运载器	日期	有效载荷	结果	备注
1	俄罗斯	"联盟"－FG	3 月 18 日	"联盟"TMA－20M	成功	
2	美国	"宇宙神"－5	3 月 23 日	"天鹅座"飞船	成功	
3	俄罗斯	"联盟"－2.1a	3 月 31 日	"进步"－MS02	成功	
4	美国	"猎鹰"9V1.2	4 月 9 日	"龙"飞船	成功	
5	俄罗斯	"联盟"－FG	7 月 7 日	"联盟"MS－01	成功	

（续）

序号	国家	运载器	日期	有效载荷	结果	备注
6	俄罗斯	"联盟" – U	7 月 16 日	"进步" – MS03	成功	
7	美国	"猎鹰" 9	7 月 18 日	"龙" 飞船	成功	
8	美国	"安塔瑞斯"	10 月 17 日	"天鹅座" 飞船	成功	
9	俄罗斯	"联盟" – FG	10 月 19 日	"联盟" MS – 02	成功	
10	俄罗斯	"联盟" – FG	11 月 17 日	"联盟" MS – 03	成功	
11	俄罗斯	"联盟" – U	12 月 1 日	"进步" – MS04	失败	运载火箭故障
12	日本	H – 2B	12 月 9 日	HTV 6	成功	

一、载人航天探索继续向"月球"以远推进

美国航空航天局（NASA）积极推进月球和火星载人探测任务，完成"小行星重定向"关键决策评审，开始征集深空居住舱概念与设计；俄罗斯东方航天发射中心投入使用后，将在未来载人航天器发射中发挥重要作用。

（一）美国"小行星重定向"任务完成关键决策点 B 评审

在 NASA 2015 年 8 月发布的《火星征程》路线图中，"小行星重定向"任务（ARM）是载人火星探测中重要的第二阶段任务。ARM 将于 2021 年实施"小行星重定向"机器人探测任务，从近地小行星上采集一个巨石样本，然后将其运送到月球轨道；然后于 2026 年实施"小行星重定向"载人探测任务，实现航天员对小行星岩石样本的研究与采样。尽管美国国会尚未对 ARM 做出最后决定，NASA 已计划推进该项目的进行，于 2016 年 7 月完成关键决策点 B 评审。项目将进入阶段 B，包括细化任务方案，确定成本和进度。NASA 的喷气推进实验室将与波音公司、洛克希德·马丁公司和轨道 ATK 公司合作，共同探索机器人探测任务方案。2016 年 4 月，NASA 与

洛克达因公司签订 6700 万美元研制新型电推进系统的合同，该系统有望成为机器人探测任务的一项关键技术。

（二）俄罗斯东方航天发射中心首次承担发射任务，未来载人航天发射任务向国内转移

2016 年 4 月 28 日，俄罗斯"联盟"号 2–1a/伏尔加火箭从俄罗斯东方航天发射中心的"联盟"号 2 火箭发射台成功发射，标志着东方航天发射中心正式投入使用。东方航天发射中心完全建成后，将成为俄罗斯境内的首个航天发射场，可保障俄罗斯完全自主地开展航天活动，未来将为包括"联盟"号系列火箭、"安加拉"系列运载火箭、载人航天运输系统、重型运载火箭及未来星际飞船在内的各种航天项目的实施提供保障。东方航天中心将成为一个拥有学校、中高档公寓、交通便利的可供几万人工作和居住的航天城，将替代拜科努尔航天发射场成为俄罗斯新的大型航天中心，承担大约 45% 的发射任务。无疑，东方航天发射中心将在俄罗斯未来载人航天器发射中发挥重大作用。

（三）NASA 开始征集深空居住舱概念

2016 年 4 月，NASA 邀请各企业、机构等提交可以支持探月、最终能登上火星的居住舱设计，初始目标是把"猎户座"飞船环月任务延长至两个月，接下来在 21 世纪 20 年代后期执行一年期的任务；在此基础上验证生命保障和其他居住舱系统的可靠性，使航天员能够于 2030—2040 年之间执行长达 1000 天的火星往返任务。NASA 要求居住舱拥有生活区、推进系统与可以支持舱外活动的气闸，需能在 21 世纪 20 年代初中期搭乘多型火箭发射。NASA 希望全尺寸居住舱原型最早能于 2018 年开始地面试验。

二、美国和俄罗斯载人飞船技术研发工作稳步推进

在新型载人飞船的研制方面，美国"猎户座"飞船、"龙"载人飞船和"星际班机"进行多项关键试验与测试工作。俄罗斯"联邦"号载人飞船开始进行建造，计划2021年在东方航天发射中心进行首次发射。

（一）美国"猎户座"飞船制造、试验与测试工作取得重要进展

在NASA马歇尔航天飞行中心的米丘德装配厂房，洛克希德·马丁公司完成"猎户座"飞船压力舱的焊接工作，随后运往肯尼迪航天中心，对结构进行压力测试，之后又相继完成天线、信标、导航设备、视觉处理、电力管理、数据处理和火箭管理等组件的生产和测试。欧洲航天局建造的服务舱结构测试体运到NASA的格伦研究中心，进行了声学和振动等一系列关键测试，并为服务舱安装一个太阳能电池阵，测试正常展开和缩回状态。NASA兰利研究中心模拟飞船执行深空任务后在太平洋面溅落时的极端条件，评估在真正任务中乘员可能经历的负荷。2016年的这些测试工作是"猎户座"飞船准备"探索任务"－1（EM－1）整体测试计划的一部分，为2018年执行EM－1飞行试验做好准备。

（二）俄罗斯能源航天公司开始研制"联邦"号载人飞船

俄罗斯在《2016—2025年联邦航天计划》中明确提出研制用于未来飞往月球和火星的新一代"联邦"号载人飞船。"联邦"号飞船由乘员舱（CM）、服务舱（SM）和逃逸救生系统等三部分组成，如图1所示，乘员舱在进入地球大气层前与服务舱分离，利用减速伞、软着陆制动火箭和软着陆系统等在俄境内实现垂直着陆，回收并处理后可重复使用数次。该飞船将从正在建设的东方发射场用新型"安加拉"运载火箭发射，最终其将

替代现役"联盟"载人飞船。"联邦"号飞船的主承包商是俄罗斯能源航天公司，已于今年 6 月开始飞船的建造工作，计划 5 年后发射。能源航天公司使用独特的人机工程模拟器对飞船人机接口进行首次测试，对指挥舱内的乘员座椅以及乘员工作环境进行了逼真的模拟，用于评估航天员显示面板内基本信息区的分配情况。

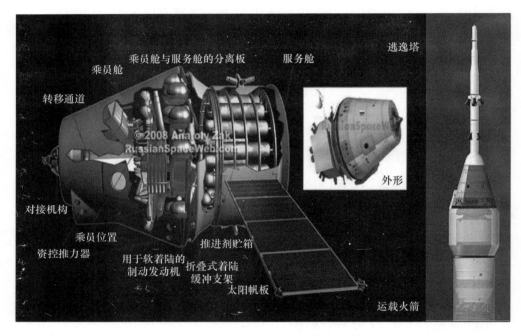

图 1　"联邦"号载人飞船结构示意图

（三）　美国波音公司"星际班机"飞船开展试验与测试工作

美国波音公司的"星际班机"飞船将在从 NASA 肯尼迪航天中心租赁的"商业乘员与货运处理厂房"（C3PF）中，进行发射前的组装与测试工作。2016 年公司已完成厂房的垂直总装测试工位与任务控制中心的建设；完成与飞船同规格的结构测试件的建造，测试件接受结构载荷、加热冷却循环、强烈振动与电磁干扰的严格测试；使用全尺寸的飞船模型进行降落伞和安全气囊测试。首批供航天员训练使用的模拟器已交付NASA约翰逊航天中心，为航天员提供各种情况的训练机会。此外，该公司已经开始进行航天服的评审与测试工作。

（四）SpaceX公司"龙"载人飞船开展建造与测试工作

美国SpaceX公司今年收到NASA的第二份商业载人飞行任务合同，正在加紧进行"龙"载人飞船的建造与测试工作。3艘"龙"载人飞船正处于建造的不同阶段，其中有2艘将执行ISS飞行试验。在2015年完成非载人发射场运行准备状态评审（LSORR）后，今年开展了一次载人LSORR，对全尺寸型环境控制与生命保障系统进行测试；使用一个已建造好的"龙"载人飞船，评估航天员的进舱、出舱与舱室布置；对航天服展开一系列包括在真空舱内人员穿着性测试，对降落伞进行全面性能测试；开始研发精确推进悬浮技术，其终极目的是无需使用降落伞就可使飞船缓缓降落在海面或直接降落在陆地上。

三、国际空间站演示验证载人深空探索技术作用进一步凸显

美国将ISS作为空间实验平台，试验与验证多项空间技术，为长期载人深空探测任务奠定基础。

（一）美国首个载人充气式太空舱开始空间试验验证

2016年5月，与ISS对接的美国比格罗公司研制的"比格罗舱"完成充气并展开，航天员在舱内安放用于采样和测量等传感器设备，开展为期2年的相关测试与试验工作，最终评估充气式舱段的整体性能，如图2所示。"比格罗舱"主要由中心支架、柔性外壳、充气装置、对接装置四部分组成，发射时长2.13米，直径2.36米，质量约1.4吨。充气装置位于舱的

一端，展开时 8 个空气罐向舱内充气，展开后长 4 米，直径 3.2 米，内部容积从展开前的 4 米³ 扩展到 16 米³；舱的另一端装有标准的舱段对接装置，与 ISS 对接后可与站内保持空气循环。充气式太空舱与常规刚性太空舱相比，质量减轻 50% 以上，突破了火箭整流罩尺寸和运载能力对发射大尺寸空间结构的限制，具有质量轻、运输成本低等优势，开辟了太空舱建造的新途径。

图 2　"比格罗舱"展开剖面图

（二）美国首台实用性 3D 打印设备制造国际空间站所需实用物品

2016 年 3 月，NASA 和太空制造公司在 ISS 上安装了首台实用型 3D 打印设备"增材制造设备"（AMF），开始为 ISS 制造所需实用物品，并通过在微重力环境下制造地面难实现的高质量物品，为地面商业用户提供制造服务。为在微重力环境下使用，AMF 重点解决了以下难题：一是在 ISS 用高性能计算机三维建模消耗大量资源。在地面进行三维设计并将文件上传至打印机上，地面通过影像实时监视制造过程，可通过地面遥操作实现 3D 打印或由航天员现场打印。二是采用已通过地面微重力飞行试验和 ISS 试验验证的成熟熔丝成型 3D 打印技术，对原料的加热可不用激光设备，可选用非粉末状原材料，无需化学清洗，设备结构简单、维护成本低，可成型复杂程度高的零件。三是 AMF 设备采用模块化材料挤出装置等部件，可根据需要更换或升级模块，增加新的功能和打印方法，按计划可使用至 ISS 退役（2024 年）。

（三）"细胞星初始任务验证及经验"试验在轨组装和部署技术

在 ISS 上开展了"细胞星初始任务验证及经验"（SIMPL）试验，利用美国诺瓦沃克斯（NovaWurks）公司研发的"高度集成的细胞星"（HISat）模块，测试整星在轨组装和部署技术。SIMPL 包括 8 个基本组件、6 个 HI-Sat 和两个太阳能电池阵列。整星在 ISS 上装配，然后作为完全可运行的新建航天器在轨部署。它将开辟航天工业的另一个第一次。HISat 是一种模块化、高度集成的卫星，旨在以纳星规模提供完整的卫星功能，由诺瓦沃克斯公司联合美国那沃洛克斯微卫星（NanoRacks MicroSat）公司共同研发。SIMPL 任务演示验证细胞星技术。这是首次对基于细胞体系结构的卫星进行飞行试验，卫星或聚合体细胞包（PAC）由相同的建造模块装配而成。SIMPL 试验标志着诺瓦沃克斯公司首次将其代表性技术 HISat 送入太空，该技术有望从根本上改变人类接触太空的方式。

四、英国维珍银河公司第二艘亚轨道飞行器进行首次试飞

2016 年 2 月 19 日，英国维珍银河公司在美国加利福尼亚州莫哈韦航空航天港举办的纪念活动上，展示了其第二艘"太空船二号"（SpaceShipTwo）飞行器，用于替代 2014 年 11 月飞行试验坠毁的"太空船二号"飞行器。2016 年 9 月 8 日，"太空船二号"飞行器进行了首次试飞，它与母机"白骑士二号"（WhiteKnightTwo）一同起飞。尽管"太空船二号"在整个试飞过程中都与母机相连，但此次试验是 2014 年 10 月 31 日维珍银河公司首架

"太空船二号"坠毁之后第一次重返空中试验。维珍银河公司表示，这次试飞只是接下来"太空船二号"即将进行的一系列严格测试的第一项，在对本次试飞过程进行详细分析后，测试才会继续进行。2016年12月，该"太空船二号"飞行器又开展2次无动力自由飞行试验，后续将在2017年进行动力飞行试验，逐步验证"太空船二号"在各种条件中的性能和运行情况，以及"太空船二号"收回羽翼系统、从太空返回、飞行器像飞机一样降落到跑道时的运行情况。"太空船二号"飞行器可一次搭载6名乘客，进行3小时的亚轨道飞行，为乘客提供短暂的失重经历和独一无二的地球景观。虽然票价为25万美元，但已经有超过600人注册。

（中国航天系统科学与工程研究院　刘晓川）

2016 年美国国防高级研究计划局
航天技术发展综述

美国国防高级研究计划局（DARPA）自创立时起，一直引领美国军事航天发展前沿。今年 2 月底，DARPA 公布 2017 财年预算申请，并对 2015—2017 财年的预算情况进行了总结和规划。预算显示，DARPA 2017 财年航天预算相比 2016 财年大幅增加，但项目数量却在减少。预算文件不仅公布了 DARPA 当前的航天技术发展重点，而且能够反映出 DARPA 航天技术发展策略。

一、DARPA 航天领域投资概况

2017 财年，DARPA 为航天预算申请 1.7524 亿美元，约占 DARPA 年度预算的 6%，较 2016 财年增加 4854.8 万美元，增幅约为 38.3%。预算文件显示，DARPA 在 2015—2017 财年间共投资发展了 9 个航天项目，其中进入空间领域有"试验型空天飞机"（XS－1）和"机载发射辅助太空进入"（ALASA）两个项目，利用空间领域有"雷达网"（Radar Net）和"太空光学孔径自组装"（OASIS）两个项目，控制空间领域包括"太空监视望远镜"（SST）、"特征"（Hallmark）、"太空疆域感知"（SDA）、"凤凰"和"地球同步轨道卫星机器人服务"（RSGS）等五个项目。

从 9 个航天项目的预算分配看，目前投入最多的三个航天项目分别为：①XS－1，2017 财年申请预算 5050 万美元，约占航天预算的 28.8%；②"雷达网"，2017 财年申请预算 4500 万美元，约占航天预算的 25.7%；③RSGS，2017 财年申请预算 3300 万美元，约占航天预算的 18.8%。上述 3 个项目约占 DARPA 2017 财年航天预算的 73%。

二、DARPA 航天技术关注重点

分析 DARPA 航天领域投资的所有项目尤其是重点项目，可从中发现其航天技术的关注重点。

（一）进入空间领域重点关注低成本、快速响应、可重复使用运载技术

ALASA 项目旨在探寻一种新的利用飞机作为可重复使用第一级的小卫星发射方式，使美军可以在接到卫星发射通知后 24 小时内，将总重不超过 45 千克的有效载荷送入低地轨道，且每次发射成本不超过 100 万美元。该项目需突破的关键技术包括低成本、高能推进技术、有效载荷接口技术、全系统整合优化技术、发动机热管理技术等。

XS－1 项目研发垂直发射的两级运载器，其第一级为带翼助推器，可将一次性上面级投放至亚轨道，然后返回并水平着陆。该运载器 10 天内可飞行 10 次，每次可将 1300～2200 千克的有效载荷送入低地轨道，且每次飞行花费低于 500 万美元，该项目需突破的关键技术包括复合材料、轻质结构、火箭推进等先进技术。

（二）利用空间领域重点关注小型、轻质、模块化载荷技术

"雷达网"项目着重研究轻质空间可展开天线结构技术，实现无线电通信和遥感载荷的小型化、低功率化和大带宽化，从而降低卫星发射体积和发射成本。该项目需突破的关键技术包括立方体卫星可展开天线技术以及相关温度控制、电源供应等技术。

OASIS 项目将演示验证利用分别发射的多个小型模块化载荷部件组装大口径（大于 5 米）光学系统的可行性，实现功能性光学系统缩比模型的零重力演示。该项目将解决在太空中进行标准模块精确机械装配、多目标交会与对接，以及主动表面测量、补偿与控制技术所面临的挑战。

（三）控制空间领域重点关注地球静止轨道在轨操作技术

"凤凰"项目旨在实现"地球静止轨道"（GEO）退役卫星天线等组件的再利用，需突破机械臂配套工具与软件技术、遥操作及相关支持软件技术、灵活操控技术、模块化卫星技术、有效载荷"轨道"（Orbital）释放（POD）技术等关键技术。

RSGS 项目寻求发展可对 GEO 卫星进行在轨检测与维修的机器人技术，其开发的"机器人服务飞行器"（RSV）能携带多种有效载荷，包括能使用多种工具的机械臂、高分辨率成像传感器等，能够安全、可靠且高效地执行操作，灵活地适用于各种在轨任务和条件，包括：高精度检查；修正导致任务结束的机械故障，如太阳能电池阵列和天线部署故障；协助重新定位与其他轨道机动操作；安装附加有效载荷，升级现有航天器等。

三、DARPA 太空技术发展分析

（一）立足对抗背景发展太空攻防技术

在美国聚焦聚力亚太，将战略中心由反恐调整为应对"大国挑战"的背景下，瞄准未来冲突，立足对抗背景，提升航天力量的快速响应能力和空间攻防能力，成为美国发展军事航天的重要考量。

XS－1 项目可以快速发射小卫星，提升空间系统的快速响应能力和受攻击后的恢复能力；"雷达网"项目发展的小卫星应用载荷，有助于将传统大型卫星系统的功能分解到多颗微小卫星，确保在不降低系统能力的前提下提升系统弹性；RSGS 发展的 GEO 在轨操作技术，可以用于捕获敌方卫星，使其改变轨道和姿态，或者使用机械臂直接碰撞敌方卫星，对其实施硬杀伤破坏，当探测到己方卫星面临威胁时，可以将其拖拽到新轨道，以躲避反卫星武器的攻击，实现被动防御，或者在卫星出现故障、受到攻击后开展在轨维修和装配，快速恢复能力。

（二）采取军民融合方式提升空间攻防技术的平战结合价值

受美国国内及国际政治因素的制约，美国对研发和部署空间攻防装备采取了审慎的态度，利用商业公司发展军民共用技术，隐蔽性和策略性地发展空间攻防技术，成为其突破重点。当需要时，这些技术可快速物化为实战部署的空间攻防装备。

XS－1 项目研发的低成本可重复使用运载工具与"雷达网"项目研发的小卫星应用载荷结合，在平时可用于民用和商用小卫星发射，在战时可直接用于快速响应发射。RSGS 项目在提出时就要求以公私合作的方式实现 GEO 在轨检测与维修技术演示验证。按照计划，DARPA 负责提供在轨检测与维修技术、专业知识、模块化硬件和软件工具包以及卫星发射服务；商业公司负责研发卫星，将工具包集成到卫星，形成 RSV，并提供地面任务操作中心和操作人员。商业公司拥有和运行 RSV，以按服务收费的方式向被检修军用或商用 GEO 卫星的所有者收取费用。

（三）重视技术创新向能力提升的转化

目前 DARPA 重点推进的三个航天项目都有一定成功经验可借鉴，如 XS－1 可借鉴 X－37B，RSGS 可借鉴"凤凰"项目，"雷达网"项目可借鉴 DARPA 之前曾开展的"小型卫星传感器"（SSS）项目。这样可以在开展技术创新的同时，尽可能降低风险，提高技术成果在近期落地应用的可能性。

XS－1 项目共包括可行性评估、样机研制和飞行演示验证等三个阶段，目前已进入第二阶段，计划在 2017 财年完成关键设计评审并开始飞行器和地面硬件制造，2018 年进行发射场建设，2019 年或 2020 年进行飞行演示验证。RSGS 项目已完成机械臂和对接系统的需求评审，正在开展服务卫星平台和工具包的研究工作，计划在 2017 财年开展服务卫星提供商选拔、飞行软件代码编写、地面操控站建设和卫星载荷硬件采购等工作，在 2020 年实现航天器发射。"雷达网"项目计划在 2017 财年完成演示验证样机的关键设计评审、地面测试并择机开展在轨演示验证。上述三个重点项目均瞄准在 2020 年前开展在轨演示验证，研制周期少于 5 年，这对于加速美军事航天装备升级换代以及非对称空间攻防能力形成具有重要意义。

（中国国防科技信息中心　程绍驰）

71

重要专题分析

美国国防部调整太空政策强化慑战能力

2016 年 11 月 4 日,美国国防部发布 3100.10 号指令——国防部新版《太空政策》(简称《太空政策》),这是 2012 年版《太空政策》执行 4 年后,国防部根据《太空政策》和《国家安全太空战略》(简称《太空战略》),对国防部太空政策及其太空相关活动职责的一次重要更新。指令强调,更新太空政策的目的是,慑止对手对美国太空主权的侵犯,提升美国太空稳定性并负责任地利用太空,整合美国太空能力,提升太空任务的有效性。

一、修订背景

美国政府 2010 年和 2011 年先后发布《国家太空政策》和《国家安全太空战略》,确定了奥巴马政府国家太空安全的顶层战略和政策。2012 年国防部据此出台首部《太空政策》,落实国家太空政策和安全战略,指导美军的航天活动。2012 年后,美国军、民、商航天快速发展,美国国防部对太空安全形势的认识和应对策略出现新变化:一是美军对太空安全环境进行了综合评估，发布《太空战略综合评审》，提出中俄反卫星能力快速发展，美国面临的太空挑战与威胁增大，太空对抗"不可避免"，美军必须加强太空控制，在后续制定规划、计划及预算时要向"太空控制"倾斜。二是美军提出空间力量建设的新思路，国防部2013—2016年相继发布《弹性与分散式太空体系架构》《确保太空任务有效性：一种弹性分类》，提出建设弹性与分散的太空体系架构，进一步明确美军太空对抗的具体途径，确保太空任务有效性。三是美国商业航天快速发展，美军加大利用商业航天力量执行部分军事航天任务，扩展了军事航天运行的模式和手段。这些变化促进国防部更新《太空政策》，围绕新的变化对2012年出台的太空政策进行补充和调整。

二、主要内容

（一）坚持控制太空的强硬立场，为采取军事行动提供依据

新版《太空政策》坚持控制太空的强硬立场，强调太空环境的持久稳定、自由进出太空并利用太空，对美国国家利益至关重要。新版《太空政策》强调：蓄意干扰美国太空系统及其支撑性基础设施，将被视为对美国权益的侵犯；对美国太空系统的干扰，在和平时期将被视为不负责任的行为，在冲突期间将被视为冲突升级。美国将保留在选定的时间与地点予以回击的权力。该政策表达了美国采取各种军事手段维护空间利益的原则立场，为美军对"冲突升级"采取各种军事行动提供了依据。

（二）将天基能力嵌入军事行动规划中，提升太空力量支持军事作战的能力

新版《太空政策》强调为提高美军太空任务有效性，慑止针对美国或

盟国空间利益的攻击，必须壮大实战化军事航天能力。一是以规范的国防部太空行动，将天基能力嵌入军事行动规划中，发展所有与太空相关的军事能力，并集成到航天作战力量结构中，提升太空力量支持军事作战的能力；二是通过建立实战化的航天部队结构，突出强调战斗管理指挥与控制，保证美军太空行动与其他作战域的军事行动集成，共同实施威慑，协同军事作战，将原有的五大任务领域调整为太空态势感知、战斗管理指挥与控制、太空服务支持活动、太空对军事行动的支持活动、太空控制规划及活动；三是将太空力量、任务及应用纳入联合部队与军种条令、军演、仿真、试验、训练、职业军事教育及培训；四是将太空任务与能力集成到联合部队和军种的军演、仿真以及相关开发、试验及训练中。

（三）强调扩大与国际太空合作，增强集体安全能力

新版《太空政策》强调与同盟国和友邦缔结更密切的关系，通过增强集体安全能力，在危机期间适当避免冲突升级，增进太空的稳定。采取的措施：一是以互利为基础，扩大与国际伙伴的太空合作，拓展共享太空能力范围，与盟国及友邦缔结更紧密的安全纽带；二是寻求机会共同研发太空体系架构，建造互操作性的系统，与可信任的伙伴国共享太空能力与系统，分担成本与风险；三是采取措施使太空系统为盟国及同盟伙伴国提供的战场优势最大化；四是在共享相关的太空能力的同时，保护双方与军民两用技术及服务相关的安全利益。

（四）突出强调提升美军太空任务的有效性，确保太空能力有效支持各种军事行动

新版《太空政策》将降低对手攻击美国及其盟友太空系统的成功率和收益，慑止攻击，保证太空能力有效支持军事行动置于突出位置，并提出相应措施。一是航天力量或航天体系架构的需求生成、开发、测试、评估、采办、培训、演习、规划等各项活动必须涵盖任务有效性，系统规划与研发活动必须考虑面临的风险与威胁及备选方案的可用性；二是要通过提升任务和体系弹性、重构以及采取各种防御性军事行动，增强太空系统的抗毁能力和稳定性，提升太空任务有效性；三是按照支持的军事行动，将太空任务有效性划分为三个等级，各等级要纳入联合能力集成开发系统中，并在太空系统建设和作战使用全过程予以考虑。其中，等级 1 是在冲突的各阶段和不同级别对抗态势下，都具备可生存、持续可用与持久的太空作战能力；等级 2 是在不同强度冲突中，太空作战能力可能出现质量或数量损失，短暂或局部能力中断，但仍然可用，可根据战术需要重建；等级 3 是在最高烈度冲突中太空能力可能丧失，但可恢复。

（五）调动全部国家实力要素增强空间安全与任务能力

新版《太空政策》强调国防部要开展跨政府部门、国际盟友以及商业合作伙伴之间的广泛合作，促进可靠的、负责任的太空行为。一是加强与情报部门、民用部门、商用航天机构之间的合作，加强协调、适度整合国防部与情报部门的太空活动，以及采办与研发工作，以最大限度提升任务实施能力、基础设施防护及互操作能力；二是根据国家安全需要，最大限度地利用商用航天系统、服务及技术，通过改造商业能力获得快速响应、高效费比能力，满足美国政府需求；三是国防部鼓励商业航天机构与其共享太空飞行安全数据以及相关的规划、项目进程、运行状态信息；利用商业航天力量维护和改进太空目标数据库和信息分发，增强太空飞行安全；四是国防部将依据防务目标、投资以及职责，力促形成稳健的美国航天工业基础。国防部将通过科技工作与研发投资，聚焦于可弥补任务缺陷的前沿技术。

三、几点认识

新版《太空政策》是奥巴马政府任期内，国防部依据《国家太空政策》和《国家安全太空战略》制定的第 2 版太空政策，其坚持控制太空的强硬立场，为采取军事行动提供依据的立场没有改变，但更加突出将天基能力嵌入军事行动规划，强调构建实战化的航天部队结构，调整太空任务领域，推进太空对抗能力发展。

新版政策强调太空安全关系着国家安危和根本利益，规定维护太空安全不仅是国防部职责，也是全国相关各方的责任，并将商业航天力量增强太空飞行安全纳入太空政策之中。

与 2012 年版《太空政策》相比，新版政策突出强调增强美军太空任务的有效性，首次将提升太空体系弹性、重构等作为关键措施纳入政策，提出有效性等级并在太空活动实施中全面落实。

（中国航天系统科学与工程研究院　屠空）

美国太空威慑战略发展新动向

近年来，随着美国太空安全态势和太空安全观的调整，太空威慑正在成为美国维护太空安全的重要手段。美国国防部《国家安全太空战略》《国防部太空政策》等战略文件确立了美国多层次多手段慑止对美国及其盟国太空资产攻击的战略。2016 年 1 月，美国智库新美国安全中心发布《从庇护所到战场：美国太空防御与威慑战略构想》报告，提出"有限太空战"构想，一定程度上反映了美国太空威慑的一些新思路。太空威慑作为一种新型战略威慑，正在对美国太空力量发展和太空安全产生重要影响。

一、美国太空威慑战略发展历程

美国太空威慑战略的发展主要经历了以下三个阶段。

（一）太空威慑与核威慑紧密结合

冷战时期，美国认为太空系统所面临的最大威胁是核攻击。在"相互确保摧毁"的核威慑战略下，对太空系统的攻击被视为"核突袭"的第一步。

（二） 太空威慑与核威慑分离

冷战结束后，美国认为，太空系统面临的核威胁已明显降低，对太空系统的有限攻击不再被视为核战争的"前兆"。1991 年的海湾战争展现出太空系统在常规战争中独有的能力和优势，突显出太空系统在美国国家安全与军事体系中的重要性，加之其本身固有的脆弱性，使美国意识到其太空系统遭受攻击的可能性急剧增加，由此催生了太空威慑理论的独立发展。1996 年版美国《国家太空政策》，提出"国家太空安全活动应该威慑、警告，在必要时，抵御敌方攻击"。1999 年美国《国防部太空政策》首次系统阐述了"太空威慑"概念，指"确保敌方不能通过对抗对方太空系统或恶意使用太空系统，而获得非对称优势"。

（三） 太空威慑战略正式确立

随着更多国家对太空设施安全关注度的提高并着手发展相应的反制手段，美国认为其太空系统已经面临严峻的现实威胁，可能会遭到"太空珍珠港"式攻击，政府和智库对太空威慑问题的研究日益深入。2009 年，美国智库艾森豪威尔中心发表题为《太空威慑：风险的精细平衡》报告，提出含四个层次太空威慑战略。2010 年，兰德公司受美国空军委托完成一份题为《太空威慑与第一次打击的稳定性——初步评估》的报告，报告认为美国应摒弃"以牙还牙"式报复性威慑模式，寻求利用政治、经济、外交、军事等多种策略慑止对美国太空系统的攻击。2011 年美国国防部发布《国家安全太空战略》提出美国将通过建立多层威慑来应对对抗性日益加剧的太空环境，标志着美国太空威慑战略正式确立。2016 年 1 月，新美国安全中心发布《从庇护所到战场：美国太空防御与威慑战略框架》报告，提出美国应采取"有限太空战"战略，制定新的太空防御与威慑战略。

二、美国太空威慑战略内涵

太空威慑作为一种新的战略威慑样式，其内涵仍在不断拓展中。美国太空威慑战略的核心是通过建立多层威慑体系，确保太空安全。

（一）太空威慑战略内涵

美国 2011 年《国家安全太空战略》提出，美国的太空威慑是指"劝告并慑止研制、试验和部署太空对抗系统，阻止并慑止针对美国太空系统及保障设施的攻击，维护美国国家安全。"该战略提出"多层太空威慑"概念，以慑止敌方对美国太空系统发起攻击。第一层，通过国际准则威慑，寻求制定太空国际行为准则，提高太空系统安全性和稳定性；第二层，通过建立联盟威慑，加强太空领域国际合作，增加联合防御能力。第三层，通过增强太空体系弹性威慑，降低太空攻击行为的收益，并确保联合部队在太空能力削弱情况下仍能有效作战；第四层，通过威胁采取报复性手段威慑，威慑失败后，美国保留利用国家力量任何组成部分，发起报复性攻击的权利和能力。

美国的太空威慑主要分为抵消性威慑和惩罚性威慑。抵消性威慑是一种防御性威慑，主要通过提高太空系统防护能力、发展分散式太空系统体系结构、增强太空态势感知能力等措施，使潜在对手判断出，攻击美国重要太空资产很难取得成功，或者这些攻击的代价高于收益，从而放弃行动。惩罚性威慑是一种进攻性威慑，即综合运用政治、经济、外交和军事等多种手段，使敌方认识到，攻击美国的太空系统将面临不可承受的后果，从而放弃对美国太空系统的攻击。

（二）美国太空威慑与核威慑的主要区别

美国太空威慑伴随着核威慑发展并成为独立的战略威慑样式，与传统核威慑既有相似之处，又有明显差别。

1. 威慑手段不同

核威慑中的"核"是威慑手段，即扬言使用核武器进行报复，以打消对方的行动念头，因此是一种惩罚性威慑。太空威慑中的"太空"并不是威慑手段，即并不是威胁采用太空武器报复。"太空"是慑止的对象，即采用军事、政治、外交等多种手段慑止对太空系统的攻击，因此太空威慑主要采用惩罚性威慑与抵消性威慑相结合的手段。

2. 失效后果不同

核威慑失效后，核武器的使用将产生大规模杀伤后果，可能影响一个国家的生死存亡，存在着后果不可控性。太空威慑失效后，如果爆发太空战争或者地面冲突拓展至太空，不会出现像核爆那样造成大规模灾难性人员伤亡的后果。

3. 适用范围不同

核威慑具有普适性，冷战后期主要用于威慑使用核武器的对手，但核武器可以对任何对手实施威慑。太空威慑具有选择性，如果对手在安全和军事上并不依赖太空系统，则使用太空威慑难以达到阻止对手行为的目的。

4. 攻击溯源难度不同

核打击可以很容易确定发起攻击的对象，报复目标较明确。而在太空系统攻击方面，除对卫星的硬摧毁外，还包括对卫星采取激光制盲和电子干扰等软杀伤手段。对于激光和电子干扰很难在较短时间内确定发起攻击的对象。

5. 炫示方式不同

核威慑可以通过战略导弹试射和阅兵，甚至地下核试验等形式公开炫示。太空威慑由于攻击太空资产的极端敏感性，面临很大的国际政治、外交压力，往往以极其隐蔽的方式进行。

三、美国当前实施太空威慑战略的主要举措

综合分析美国战略文件和当前美国太空领域的主要动向，可以看到，美国综合运用多种手段，实施太空威慑战略。

（一）推动制定国际太空行为准则

美国国防部认为，制定一个国际社会广泛接受的太空国际行为准则，对于太空安全、稳定和可持续发展，以及太空威慑均具有积极意义。即使威慑失败，国际行为准则也有助于国际社会确认并孤立发起攻击行为的国家。

美国提出，将通过外交手段，促进负责任地利用太空，并对那些危害太空安全和稳定的行为予以谴责，美国将推动制定太空国际行为准则和"外空活动透明和建立信任措施"。但在实施过程中，由于不同国家对于和平利用太空与太空安全问题有着不同的利益需求，对于军备控制条约的目的和形式存在分歧，导致外空军控条约很难达成。

（二）加强太空领域的国际合作

美国认为，通过太空领域的国际合作，攻击方攻击的太空资产可能涉及多个国家，将使冲突规模扩大，攻击发起国家为获得所需收益可能面临难以承受的代价。此外，一旦威慑失败，多国联合将进一步增强反击能力。此外，对多国联合研制和拥有的卫星发起攻击，也会增加反卫星攻击的国

际政治代价。

美国主要采取以下措施加强各国太空领域的合作。一是加强太空态势感知领域的国际合作，共享太空监视数据，简化数据共享流程。目前，美国已与澳大利亚、日本等盟国及国际组织签署 12 份太空态势感知数据共享协议。二是寻求太空系统共建。美国以"系统共建，能力共享"的方式与澳大利亚合建军用"宽带全球卫星通信系统"，达到了成本分摊、风险共担、利益共享的目的。还考虑将军用载荷搭载在盟国卫星系统上，以增加对手反卫星的政治代价。

（三）加强太空系统防护

美国认为，发展强大的太空防护能力，将使对手感到对太空系统的攻击不会达到预期效果，或付出的代价远远大于收益，从而放弃攻击，达到太空威慑的效果。而发展弹性分散式太空系统体系结构，是美国提升太空系统防护能力的重要手段。

2013 年美国空军航天司令部发布的《弹性与分散式太空系统体系结构》白皮书，谋划发展分散式太空系统体系结构，增强太空系统"弹性"，该白皮书规划了 5 种模式。一是结构分解，即由多个以无线方式相互作用的模块提供单一系统的功能。2007 年，美国国防高级研究计划局提出 F6 计划，目的是研制结构分离的航天器系统——利用一组在轨编队飞行的功能模块，联网构成一个功能完整的虚拟航天器。该项目虽已终止，但关键技术的相关研究仍在继续。二是功能分散，即将一颗卫星上的多个载荷或多项任务分散到多个卫星上。三是多轨道分散，即利用多个轨道平面提高弹性。气象卫星系统部署在两种轨道上，地球静止轨道卫星可提供持续性区域覆盖，极轨气象卫星可提供周期性重访。四是多域分散，即将能力分散于陆、海、空、天、网等多作战域，相互冗余和备份。美国空军航天司令部协同运用地基雷达和过顶持续红外传感器提供发射探测与导弹跟踪能力。五是有效载荷搭载，即美国正在探索把军用载荷搭载到商业卫星或其他卫星平台上，以增加对手攻击太空系统的决策难度。

（四）发展太空态势感知能力

太空态势感知是威胁告警、攻击溯源、确定攻击目标、评估攻击效果的前提，美国正在加紧建设天地结合的太空态势感知系统。在地面，重点建设新一代"太空篱笆"和"太空监视望远镜"（SST）系统。"太空篱笆"已于2015年9月完成关键设计评审，正式转入建造阶段。该系统使用3台S频段地基雷达，可探测低地轨道、中、地球轨道上5厘米以上的太空目标20万个左右，最佳探测精度可达2厘米。最新研制的SST已于2016年10月正式由DARPA移交空军，标志着该项目已由研发阶段转入部署阶段。SST将填补对亚太上空地球同步轨道区域监视能力的不足，提高对中高轨的太空态势感知能力。天基方面，重点建设"天基太空监视系统"和"地球同步轨道太空态势感知"系统，提高对地球同步轨道的太空态势感知能力。

（五）发展报复性打击能力

美国《国家安全太空战略》提出，应做好准备应对太空系统可能面临的攻击。也就是说，准备在威慑失效后，对敌方太空系统实施报复性打击。

发展进攻性太空对抗能力。2016年9月，美国空军航天司令部司令约翰·海顿称，太空控制（进攻性太空作战能力）项目是美国太空项目发展的重点。一方面，美国采取寓反卫于反导的策略，强化动能反卫星和定向能反卫星能力。2008年，美国采用改进型"标准"-3导弹摧毁1颗失效卫星，炫示了其反导系统的反卫星能力。另一方面，美国采取"以民掩军、转换名义"等策略，近年来开展了"试验卫星系统""轨道快车""凤凰"等多项计划，验证卫星近距离监视、逼近和操作等在轨服务技术。这种技术平时可用于清除太空碎片、在轨燃料加注、在轨维修，战时可物化成太空攻防装备，通过软硬杀伤手段对通信、导航、导弹预警等高价值卫星构成威胁。

非太空领域发起报复性攻击。美国《国家安全太空战略》提出，美国应对太空系统攻击的手段将是非对称的，且并不局限在太空。除发展进攻性太空对抗能力外，美国还将采取常规打击和网络攻击等报复手段。

（六）解密或降密部分可构成威慑力的重要太空系统

2015 年 9 月，美国公开宣布"地球同步轨道太空态势感知计划"（GSSAP）两颗卫星具备初始作战能力。2016 年 8 月，美军再次发射两颗该卫星，完成系统组网。GSSAP 卫星能够对地球同步轨道卫星实施抵近侦察，可看到外国卫星的外观，与过去只能利用卫星轨道推断卫星的功能相比，对在轨目标的识别和意图判断能力更强。美国空军航天司令部司令海顿称，公开 GSSAP 项目，是为了向世界宣告，美国清楚了解任何国家在地球同步轨道所做的任何事情，进而对潜在对手形成威慑。美国开展反卫星武器试验以及披露 X‑37B 试验情况，也有对外炫示其太空威慑能力的考虑。

四、美国"太空威慑"战略未来发展走向

太空威慑已成为美国维护太空安全的重要手段。美国正在以"太空威慑"战略为核心，多措并举维护太空安全，以达到"不战而屈人之兵"的目的。

（一）美国将更加倚重"软"太空威慑手段

2016 年 10 月，美国负责太空政策的助理国防部长道格拉斯·洛韦罗表示，由于无法准确认定美国太空系统是否遭受攻击，如干扰、激光武器干

扰等软杀伤是否属于攻击，还是只有遭动能摧毁等硬杀伤才算攻击，因此确定实施报复性打击的时机具有相当大难度。与报复性打击相比，更好的太空威慑手段是确保对手无法从太空攻击获益，并提高太空攻击的政治难度，防御而不是进攻是更好的太空威慑手段。美国将继续推进发展"弹性与分散式太空系统"体系结构，重点投资六个主要领域（D^4P^2）：一是分散（Disaggregation），即将不同的功能分散到不同的平台和有效载荷上。2016年2月，美国国防部副部长肯德尔表示，国防部正在考虑是否将卫星的战略任务与战术任务分离。例如，将"先进极高频"（AEHF）和"天基红外系统"（SBIRS）的战略级有效载荷（核指挥控制和导弹预警）和战术级有效载荷分开部署，以降低遭攻击的风险。二是多样化（Diversity），利用多种系统实现同一目标。例如，使美国的装备能够同时使用 GPS 和"伽利略"导航系统，即使对手干扰 GPS，美军仍然能使用盟国资产。三是分布（Distribution），即将能力分散部署于多颗卫星，从而使每颗卫星对于系统运行而言都不是决定性的。例如，GPS 单颗卫星受损后其系统仍然能够保持运行。美国正在探索将传统大型卫星系统的功能分散到多颗微小卫星上，在不降低系统能力前提下分散风险，使潜在对手无法通过攻击某一颗卫星而使整个体系瘫痪。四是欺骗（Deception），使对手无法获悉哪些卫星携带哪些系统，或者其他误导对手的方法。五是防护（Protection），即发展主被动防护能力，以确保美国太空系统和盟国所依赖太空系统的安全。六是扩散（Proliferation），部署多颗卫星执行同一任务，其中一颗卫星可执行完整任务，其他卫星则提供冗余和备份，以防第一颗卫星受损。

（二）将采取非对称手段实施太空威慑

美国太空威慑战略提出，美国可采取"跨域威慑"手段，即除采用太空进攻手段外，还可能采取网络攻击、其他军事手段攻击，以及采取外交、军控和经济等手段回应可能出现的太空攻击。

（三）可能实施"有限太空战"威慑战略

2016 年 1 月，美国新美国安全中心发布的《从庇护所到战场：美国太空防御与威慑战略构想》报告认为，目前美国的太空威慑战略主要基于不计后果的大规模报复，建立在此基础上的太空威慑越来越不可信，也越来越无效。为此，该智库建议美国采取"有限太空战"战略，以使太空冲突不至于失控上升到全面冲突。该报告认为，美国需要采取相互关联的两方面行动：一是提出有利于美国的"有限太空战"规则，二是发展太空威慑和防御能力及相关作战概念，支撑与强化规则。换言之，就是首先提出规则，然后强化能力并促使对手遵守规则。从历史上看，美国一些重要智库的观点往往被政府部门吸纳，成为正式的战略和政策文件。因此，新美国安全中心这份报告提出的战略构想，将可能对美国太空安全战略与政策产生持续影响，并将可能推动美国调整太空威慑战略。

（中国国防科技信息中心　方勇）

智库提出"美国太空安全战略再平衡"构想

2016 年 6 月，美国知名智库大西洋理事①发布研究报告《走向新的国家安全太空战略——战略再平衡时机已到》（简称《太空战略再平衡》）。报告针对当前美国太空安全领域"控制太空"倾向进行剖析，指出美国有必要在太空推动"战略再平衡"，并提出"积极预防"的战略构想。

一、《太空战略再平衡》的研究背景

（一）美国太空安全领域"控制太空"倾向明显

2014 年以来，美国军方立场、战略规划以及预算投资等均做出调整，各种迹象表明，美国太空安全领域已呈现出朝"太空控制"转变

---

① 太西洋理事会是一个研究国际事务的智库机构，成立于 1961 年，研究国际政治与商业活动。该机构多名成员在奥巴政府担任要职，对美国国家事务决策有重要影响。例如，2009 年 2 月，时任大西洋理事会主席 James L. Jones 担任奥巴马新国家安全顾问，其继任者哈格尔于 2013 年担任美国国防部部长。理事会的相关人员还分别担任美国驻联合国大使、阿富汗与巴基斯坦特别代表、越南事务秘书长、国务院政策规划部主任等要职。2014 年至今，该理事会的指导委员会主席由前美国驻华大使洪博培担任。大西洋理事会获得了一些重要人物的支持，包括前北约秘书长 Anders Fogh Rasmussen，称该理事会为"拥有长期声誉"的"卓越智库"。

的倾向。

与此前美军高层很少讨论太空控制话题不同，美国军界及情报界的高层官员不断渲染中俄威胁论，甚至公开谈论"太空控制"。包括美国国防部副部长沃克、国防部负责军控和核查与履约事务的助理国务卿弗兰克·罗斯、空军航天司令部司令海腾、空军航天司令部第 14 空军部队司令兼战略司令部太空联合职能司令部司令雷蒙德在内的军界高层，一致强调俄罗斯与中国不断发展的反卫星武器技术，对美国的太空安全造成极大威胁。国防部副部长沃克谈到，"在挑战增大时，我们必须继续强调太空控制。"

2014 年美国国防部形成《太空战略综合评估》（SSPR）秘密报告，公开资料显示：该报告在宣扬俄、中威胁论的基础上，建议美军加强太空控制能力建设。2015 财年《国防授权法案》中，要求制定太空控制及太空优先事项（保护国家安全太空资产）相关战略，指定拨付"太空安全与防御计划"（SSDP）的大部分资金，用于发展进攻性太空控制与主动防御性战略及能力。2016 财年《国防授权法案》（草案）将把国家安全太空计划列为国防部十二大"重大军事力量计划"之一；未来 5 年将耗资 55 亿美元在太空控制上，用于更好地保护美国太空体系框架。

（二）美国政府换届将面临新的战略选择

2017 年美国将迎来新一届政府，按照惯例，历届美国政府都将颁布新的《国家航天政策》，新政府有可能会重新修订《国家航天政策》《国家安全太空战略》等一系列航天发展战略与政策。智库的研究成果将对新政产生一定影响。例如，2010 年兰德公司《太空威慑和先发制人》将威慑原则应用于太空战略环境，提出实施综合性国家太空威慑战略，建立最高效、最具可靠性的威慑框架。其研究成果已充分体现在 2011 年的美国《国家安全太空战略》中。

近年来，美国政府和智库陆续发布一系列太空安全战略研究报告，例如，2013 年史汀门生中心发布《反卫星武器、威慑与中美太空关系》论文集、2014 年国家安全委员会形成《太空战略投资组合评估》、2016 年新美国安全中心发布《从庇护所到战场：美国太空防御与威慑战略构想》、大西洋理事会发布《太空战略再平衡》，为美国政府评估和制定太空安全战略提供参考。

《太空战略再平衡》作者特丽莎·赫金斯是美国马里兰大学国际安全研究中心高级研究员，曾任联合国裁军研究所主任，太空安全专家，反对在外空部署产生碎片的反卫星武器；另一位作者是琼·约翰逊·弗里泽，美国海军战争学院国家安全事务教授，是中国航天项目专家，主张中美太空合作。弗里泽多次受邀前往美国国会听证，向美国国会议员阐释她对美国太空安全的研究成果与建议，对美国的太空政策决策过程具有一定的影响力。为了进行太空战略再平衡，两位作者提出"积极预防"的新途径，作为下届政府讨论太空安全政策的推动因素和起点。曾任美国战略司令部司令和参联会副主席的卡特·怀特将军为该报告撰写了序言。

二、《太空战略再平衡》的主要内容

报告全面分析当前美国太空安全目标及当前国际太空环境的基础上，提出"积极预防"战略途径。

（一）当前太空安全目标仍然适用，但目标与措施不匹配

报告认为，虽然太空的可靠、可持续性及安全的风险与威胁不断增长，

但美国太空安全尚未出现迫在眉睫的威胁，2010 年的《国家太空政策》提出将太空的可持续性、稳定性、自由进入和利用作为美国太空政策的目标是合理的，在未来一段时间内仍然适用。

问题在于 2011 年《国家安全太空战略》提出的具体措施①存在诸多问题。例如，如何定义"负责任的国家"，潜在对手并不知道美国关于太空负面行为的"明线规则"是什么，外界认为美国希望能够阻止对手进入太空……问题的实质是目标与措施之间不相匹配。

（二）提出"积极预防"战略途径，对当前太空战略进行再平衡

报告提出"积极预防"战略举措，即直接以预防太空冲突为目标，并在需要时准备打赢一场战争。为此，美国应开展四个方面的工作。

一是重视利用外交手段。一方面，要更加重视与对手（主要是俄罗斯和中国），开展太空安全外交对话，准确理解对手的太空安全战略目标并对其施加影响；另一方面，要主导制定国际外空行为规范，认真考虑提议禁止试验和使用能够制造碎片的反卫星武器。

二是发展太空攻防对抗技术。外交必须由技术能力支持，尤其是"以惩罚相威慑"的技术。具体而言，应发展太空态势感知技术，弹性、任务保障和拒止性威慑技术，能够防御进攻性军事行动的技术等。

三是改革太空安全领域的组织管理体系。参与美国太空安全组织管理的机构众多，缺乏统一指挥，职能交叉又低效，重复开发太空系统，太空资产管理程序不完善等问题明显，应当对相关部门职能进行重新整合。

---

① 措施主要包括：促进负责任地、和平地和安全地利用太空；提供升级的美国太空能力；与负责任的国家、国际组织和商业公司合作；阻止和威慑针对美国国家安全太空基础设施的侵略行为；准备挫败攻击并在降效环境下展开军事行动。

四是保持稳定预算。应对太空安全项目需求、可行性和结果进行慎重评估之后，确定预算额度，而且应均衡投资涉及国家太空安全战略的各项要素，使用科学手段进行预算管理。

三、几点认识

《太空战略再平衡》的实质是对奥巴马政府太空安全战略的延续，它所倡导的"技术支持下的外交途径、深入挖掘太空态势感知领域商业和外交能力的综合运用，以及充分利用军、民、商各界渠道提升美国太空安全"等观点，事实上是最近几年美国太空活动指导方向的延续。

(一)"积极预防"战略是对奥巴马政府太空安全战略的延续

从奥巴马政府对太空安全战略目标多样性的理解与阐释上可以看出，美国政府已经意识到仅依靠太空力量维护不了太空安全，同时，太空发生战争对于高度依赖太空资产的美国更加得不偿失。因此，美国政府希望采用多种手段相结合的综合运用来制止其他国家对其太空资产的攻击，从而实现其太空安全战略目标。《太空战略再平衡》提出的"积极预防"战略，以预防太空冲突为目标，以各方建立"战略克制"为先决条件，是对奥巴马政府太空安全战略的延续。

(二) 美国或将借助"技术支持下的外交途径"进一步明确其太空利益底线

报告认为，要维护美国最大利益，就要避免太空战争。要避免太空战争，借助外交途径向潜在对手发送"明线"信号（即潜在对手的行动可能激发美国军事或其他方面的负面回应）就变得十分重要。美国政府采取的外交途径可以包括与中俄开展富有成效的太空安全对话等。"明线"信号可能会更加具体，如在冲突中彼此不能攻击战略太空系统，以避免核升级等。目前，美国国务院正在推动与中国的太空安全对话，双方首次对话已于 2016 年 5 月进行，第二次对话预计在年底召开，其成果是否富有成效，尚需拭目以待。

需要指出的是，在太空安全上，美国政府即使优先选择太空外交途径，也是强大太空技术支持下的外交优先。美国不会放弃发展"太空控制"技术，以太空技术优势夺取和巩固其太空战略优势，始终是美国太空政策的核心内容之一。

（三）国际太空领域将呈现更广泛的结盟态势

报告认为，推行"积极预防"战略的关键在于美国应采取积极主动的外交策略，包括主导制定国际太空行为准则，在 SSA 领域广泛开展国际合作等。早在 2013 年，美国国务院助理国务卿罗斯就发表讲话，阐述了通过太空合作推进亚太再平衡战略的构想。目前，美国正以 SSA 联盟和共同制定国际外空活动行为准则为突破口，不断拓展以美国为核心的太空联盟。美国战略司令部正在开展"分级 SSA 共享战略"，旨在更及时广泛地与合作伙伴共享更多的信息。截至 2016 年年底，美国已先后与 11 个国家（包括法、英等欧洲工业强国）、两个国际组织（欧洲航天局、欧盟气象卫星研究组织），以及 16 个国家的 50 多个商业实体签署 SSA 数据共享协议；美国与日、澳、印开展太空安全对话，探讨共同制定外空活动行为准则、共享 SSA 数据及海上态势感知数据等问题。

（四）新兴航天力量有望促进美国太空安全领域发生深刻变化

报告认为，军、民、商等太空活动参与者对太空安全产生影响已成为不可回避的事实，未来美国太空安全战略的落实，必须包含上述途径。美国已经意识到，新兴的航天力量异军突起，人类已经进入太空开发新时代。

对于国家太空安全而言，新兴的航天力量既可提升一国航天工业基础的整体实力，间接促进太空安全装备与技术的发展，也必然加剧国际太空竞争态势，引发的一系列问题将促使太空治理与管理工作进一步国际化，进而促进美国太空安全领域产生深刻变化。

（中国航天系统科学与工程研究院　刘海印　张莉敏　曹秀云）

美军多举措推进太空与网络空间融合发展

2016 年 8 月，美国空军发布新版《空军航天司令部远期科学技术挑战》备忘录，强调："太空和网络空间能力对美国国家安全和联合作战至关重要。空军航天司令部必须以发展并提供确保太空域和网络空间行动自由能力为目标，引导科技活动，发展使能技术。"该文件特别指出："为满足未来 10～30 年的需求，美军必须走在对手前面，发展新兴的、突破性、颠覆性和改变规则的技术，取得革命性进步。随着技术成熟，必须将其集成到多域和多任务中，以保持可信、持续地利用太空和网络空间。"

随着太空和网络空间在现代战争中的战略地位更加凸显，当前，美军将太空与网络空间定义为与陆、海、空并列的作战域，并推动作战空间由传统作战域向全域拓展，其作战方式由"联合协同"向"跨域协同"转变，强调传统作战域与新兴作战域的深度融合。太空和网络空间作为特殊的新型作战域，已嵌入到日益多样化的现代武器系统中，并贯穿于整个作战体系，太空和网络空间能力一旦集成，将成为更加强大的力量倍增器。密切跟踪和把握美军开展太空与网络空间跨域融合的发展趋势，分析其主要做法与经验，为我抢占未来军事竞争战略制高点，建设新型作战力量，培育新型作战能力，具有重要借鉴意义。

近年来，美军在组织结构调整、演习探索实践、装备技术研发、部队教育训练等各方面，采取了一系列举措，加快推进太空与网络空间跨域融合。

一、优化机构设置与职能配置，为太空与网络业务协作提供组织条件

无论是从战略管理顶层、军种建设层，还是联合部队作战执行层，相关职能部门和机构同时负责太空与网络事务，这为美军积极探索太空与网络融合运用创造了条件。

（一）在战略管理层

战略司令部集中负责空间、网络等战略资产管理与作战指挥控制，利于从美军联合作战顶层统筹协调太空与网络力量的融合发展与运用。战略司令部下设全球打击、一体化导弹防御、太空联合、情报监视侦察、网络五个平行的职能性联合司令部，其中，美国网络司令部在太空作战中被明确赋予专门职责，发挥着关键作用。《太空作战条令》要求网络司令部负责国防部信息网络的使用与防御行动，计划、协调、监管或指挥卫星通信网络规划，开展包括监管、管理、控制卫星通信资源在内的行动等太空作战保障事务。

（二）在军种建设层

军种职能部门是太空与网络空间双重职能司令部，促进太空与网络空间作战行动的协同。军种网络空间作战部门担负太空作战任务，如美国海军舰队网络司令部同时承担海军太空作战职责，通过被指派到海军网络空

间作战司令部太空作战局的人员拟定海军太空计划，反馈太空需求，并依靠下属的海军卫星操作中心，负责操作、管理和维护军用窄带卫星系统；军种太空作战部门担负网络空间作战任务，如空军航天司令部统筹协调空间和网络空间作战，其下辖第 14 航空队负责操作空军卫星控制网络，实施太空攻防作战，而下辖的 24 航空队则负责规划和执行网络空间战。

（三）在作战执行层

各级联合部队参谋部均同时配备太空与网络空间顾问或支援小组。他们协作制定作战方针，联合开展业务规划，集成太空与网络空间任务需求，将太空与网络能力同步融入整个作战行动中。在"红旗 11 – 3"空战演习中，美军积极尝试在联合作战部队设置"非动能作战协调小组"，将网络战、电子战与太空控制能力集成到战场的动能作战中，全面协调在整个电磁频谱内的攻防作战行动。

二、开展概念探索与演习实践，持续发展太空与网络跨域融合的作战理论

（一）初始摸索阶段，逐步深化对太空与网络跨域融合的认识

太空和网络空间是两个全新的作战领域，两者相互交织、互为影响。为了探索二者之间的互动关系，美军从 2009 年开始，将网络空间对抗引入"施里弗"太空作战模拟演习，探索太空对抗与网络空间对抗的融合问题。"施里弗" – 2009 演习的结果表明，在 2019 年的作战环境中，太空和网络空间的融合交织将无法避免，太空冲突最有可能始于网络空间（针对天基信息链路、卫星指挥控制系统等的网络攻击）。"施里弗" – 2010 演习目的是阻止美国"势均力敌"的对手（中国）对美国太空与网络系统实施毁灭

性打击。具体目标：一是研究太空与网络空间的备选概念、能力和部队编成；二是评估太空与网络空间对"威慑战略"的影响；三是研究执行太空与网络空间作战的综合作战程序。演习结论启发美军，太空与网络空间的关联更加紧密，冲突可能首先源自二者之一，但影响效果会在两个域中同时体现。

（二）调整改进阶段，持续构建融合发展的规则框架

"施里弗"－2010演习使美军认识到，难以鉴别和确定太空和网络空间领域的参与者、战争规则和战术使用。同时，美军太空与网络空间的整合进程还缺乏标准规范、有效手段和专业人才，离实现太空与网络空间攻防作战的真正融合还有很大差距。为此，美军从两个方面着手解决上述问题：一是制定系统的太空与网络空间整合计划，组织协调太空与网络空间职能部门共同探索融合方案。自2011年起，美国空军航天司令部积极组织构建能涵盖太空与网络空间各种能力需求的标准化、一体化的作战体系结构；二是在太空和网络空间领域，积极发展若干关键能力，深化对二者共同特性的认识，推动融合工作进程。关键能力包括"对盟友太空与网络空间系统的充分理解，对太空与网络空间系统实时态势感知能力和快速防御能力，破坏或削弱敌方太空与网络空间系统的能力"。为此，美军在随后修订的《太空作战条令》《网络空间作战条令》中，均明确要求"在联合作战规划的全过程都应解决太空与网络空间的连接问题"。例如，美军《太空作战条令》单列"导航战"，将其作为美军太空与网络跨域融合的典型作战样式，并规定"导航战涉及各种进攻、防御和支援作战，以保证美国及其伙伴对定位、导航与授时（PNT）信息利用的畅通，并能在必要时切断敌方的PNT信息。导航战的综合效果通过协调、集成和同步太空作战和网络空间作战产生。"

（三）正式检验阶段，有针对性地演练太空与网络集成作战科目

随后，在美国主导、北约成员国和澳大利亚参与的"'施里弗'－2012国际"太空作战模拟演习中，美军开始正式检验网络空间与太空作战的融合方案，探索太空与网络空间融合环境下的作战规程。在"施里弗"－2014演习中，美军立足未来区域冲突，检验验证了太空与网络空间作战集成涉及的作战规划、威慑运用、指挥控制、战术战法，以及太空态势感知信息、网络空间态势感知信息和其他信息的融合。随后的"施里弗"－2015和"施里弗"－2016演习，则均以"与美国太空和网络实力相当的竞争对手"为假想敌，重点演练太空对抗中的网络干扰、电子战、信息攻击等科目。此外，为更好地将网络空间战全面融入联合作战，2011在美国空军"红旗11－3"空战演习中，美军重点检验了网络作战人员在空中和太空能力集成环境中的操作能力，并探索了空中和太空作战中心遭受网络攻击时的应对措施。未来，美军将在继续探索太空与网络空间融合的基础上，积极发展在太空和网络空间集成环境下有效的作战概念、作战条令、战术战法，进一步发挥力量倍增器的效果。

三、在航天装备与网络技术研发中，注重太空与网络空间一体化集成

（一）在装备与技术发展规划中，将太空与网络空间一体化集成列为重要目标

2015年2月，美军发布《空军航天司令部长期科技挑战》备忘录，旨在识别实现《空军航天司令部战略指南》和《太空、网空核心功能支持规划》指导文件目标所面临的最为关键的科技挑战，作为美军未来中长期科

技工作的基石。该文件明确将太空和网空作战视为所有军事作战的支柱，详细梳理了未来10～30年军事航天和网络空间科学技术的发展需求。要求发展增强战场管理与指挥、控制和通信（BMC3）的革命性能力，支持太空和网络空间作战以及多域集成作战；研发能够综合太空和网络空间、情报监视和侦察（ISR）以及各种空、地平台数据，并实现任务态势感知的数据融合和可视化工具，以快速制定和评估跨域行动方案。文件还强调，随着太空支持下的网络空间作战以及网络空间支持下的太空作战不断成熟，必须研发识别和连接太空与网络空间"缝隙"的技术，确保空军航天司令部所有系统相互支持、增强、补充和兼容，通过一体化集成，增强威胁环境中作战体系的弹性。2016年8月，美国空军再次更新该文件，系统提出未来10～30年需要实现的11项关键技术能力，其中专门针对"太空与网络交叉领域"，重点发展认知电子战、人工智能、先进数据分析技术3大类共11项核心技术，以期提升太空和网络集成作战的态势感知、指挥控制能力和作战效能。

（二）在太空与网络互接入方面，美国大力研发与应用"容断网"技术和"太空路由器"，加快低轨通信卫星网络的构建

作为新型网络技术，"容断网"其发送信息的方式不以"连续的、端对端的"连接为基础，而是采用网络节点暂存数据包，直到与另一个节点安全交接。这一技术使太空互联网能应付频繁、不可预测的通信延迟、中断、节点改变等状况。早在2008年11月，NASA喷气推进实验室便采用"容断网"新型网络技术，成功与距离地球32万千米的一个太空探测器实现了数十张太空图像的往返传输，完成了太空互联网的首轮测试；2010年12月，美国思科公司利用该技术完成了太空互联网路由器测试试验，地面人员成功对一颗在轨商业卫星上的互联网协议路由器进行了首次软件升级；2015

年，SpaceX 公司还计划通过发射约 4000 颗低轨道通信卫星构建起卫星网络，从而提供覆盖全球的高速廉价互联网服务；此外，俄罗斯也于 2010 年宣布正计划构建太空互联网，旨在支持航天器之间的联络，保障俄罗斯偏远地区的通信，实现在地球上任何地点对航天器进行控制。太空互联网技术的快速发展，已经掀起主要大国对低轨轨位和频谱资源的争夺热潮。

（三）在跨域协同指挥与控制方面，注重提升其在太空与网络空间集成环境中的作战能力

2014 年以来，美军积极推进多个项目：一是"联合太空作战中心任务系统"（JMS）项目，旨在集成各类信息源，快速探测跟踪目标，实现跨空间监视网络数据的有效分发，生成可视化的通用作战态势图，最终为航天司令部提供现代化的太空态势感知数据处理能力；二是"网络中心传感器与数据源"（N－CSDS）项目，旨在通过实体机构（主要是联合作战运行中心）将太空监视网、非传统空间态势感知传感器数据，迁移进入以网络为中心的业务体系中，并快速分发数据；三是"一体化指挥与控制"（ISC2）项目，其重点建构以网络为中心的、面向服务的一体化指挥与控制体系架构，将实现美军全球性任务相互连通，横跨多个作战域的重要通信集成进统一的指挥与控制系统。

四、加强太空与网络跨域融合教育训练，培育复合型专业人才队伍

（一）修订完善作战条令，为作战人员开展跨域协同提供操作规程

无论是新修订的《太空作战条令》，还是新版《网络空间作战条令》，在作战业务、角色职责、指挥控制、任务规划等各方面，二者都有关于两

个作战域与作战行动相互协调的注意事项和操作规程，为增进太空部队和网络部队对对方领域的理解，促进战区联合部队各级参谋部的太空与网络支援小组人员协同作业提供了行动指南。

（二）开展演习实践，提升太空与网络作战人员在一体化集成环境中的互操作水平

在"红旗11-3"空战模拟演习中，美军先后举行了在有和没有网络空间支援情况下的空中与太空攻防演练，加深作战人员理解网络空间对空中与太空作战行动的影响；演习还特意为蓝方太空部队临时增加来自红方的网络攻击，考察蓝方应对突发网络袭击的处置能力，发现存在问题，以便及时完善改进。同时，演习驱使网络操作人员在高强度对抗场景下学会快速熟练地将个人技能集成到联合部队的空中和太空能力中，帮助他们更好地成为网络空间战士和领导者。

（三）进行专业课程教育，增进作战人员对太空与网络跨域融合的理解

2014年，美国陆军网络司令部网络战专家杰克·希普（Jac W. Shipp）建议横跨多军种，同学术界和业界共同开展太空与网络专业课程和训练，增进作战指挥官同时对太空与网络空间两个领域的全面了解，帮助其掌握利用太空资源、开展网络操作的必要技能，提升其有效支援全谱作战的能力和水平。

美军认为，作为新兴作战领域，太空和网络空间在未来高端战争中扮演者关键角色。美军《联合作战拱顶石构想：2020联合部队》指出："太空和网络空间优势通常不需要以获取其他领域的作战优势为前提，而其他领域的优势却往往以获取这两大领域的优势为前提。"美军积极探索太空与网络空间跨域融合，是为应对日益竞争、拥挤、对抗的太空与网络空间环境，在两者交织领域率先开辟新的战场空间，并抢先制定跨域融合的规则秩序，谋求对全球公域的控制实现无缝连接；同时太空与网络空间作战跨域协同，将催生一大批颠覆性技术及其物化的新兴武器装备，拉大美军与潜在对手的军事技术优势，对潜在对手构成新威胁，实现美军第三次"抵消战略"意图。当前，太空与网络空间已深度贯穿到整个现代作战体系中，太空和网络空间能力一旦集成，将产生更强大的力量"倍增器"，使得"全球交战""光速交战"等新型战争概念成为现实，必将对未来战争形态产生难以估量的影响，值得我们高度重视。

（中国国防科技信息中心　孙龙）

美国"猎鹰"9火箭一子级海上
回收技术分析

2016年4月9日,美国私营企业太空探索技术(SpaceX)公司首次成功实现"猎鹰"9火箭一子级海上回收,向研制可重复使用运载火箭的目标又迈进一步。SpaceX公司在航天发射领域的技术探索,对激励航天创新具有示范效应,对发展商业航天具有推动作用,但是能否如该公司预期的带来航天发射产业变革,还有待后续发展予以验证。

一、火箭基本情况

"猎鹰"9火箭是两级液体运载火箭,由SpaceX公司采用低成本、高可靠的成熟技术研制,旨在提供高性价比的航天发射服务。目前,"猎鹰"9系列火箭包括"猎鹰"9V1.0型和V1.1型,并在此基础上研制"猎鹰"9R型可重复使用火箭和"猎鹰"重型火箭。

此次发射使用的是"猎鹰"9V1.1型火箭。该火箭高68.4米,直径3.66米,一子级装配9台圆形布局的新型"隼"-1D发动机(海平面推力

620.5 千牛），近地轨道运载能力达 13.15 吨，地球同步转移轨道运载能力达 4.85 吨。2016 年 4 月，SpaceX 公司官网"猎鹰"9V1.1 型火箭的发射报价为 6120 万美元（含发射测控费用）。

二、火箭一子级海上回收试验过程

北京时间 4 月 9 日 4 时 43 分，美国 SpaceX 公司"猎鹰"9 火箭从卡纳维拉尔角航天发射场发射升空，运送"龙"飞船执行国际空间站补给任务。同时"龙"飞船还携带了"比格罗充气式活动太空舱"（BEAM），该舱将装配在国际空间站上进行性能测试，以探索建造长期太空航行临时居住舱、商业空间站和月球基地设施的技术途径。

本次海上平台回收试验中，火箭发射后 2 分 30 秒，飞行高度达到 68 千米，速度达到马赫数 5.45，一子级发动机关机；发射后 2 分 34 秒，一、二级分离；发射后 4 分 20 秒，一子级发动机进行 38 秒的折返机动点火；发射后 6 分 58 秒，一子级发动机进行 24 秒再入机动点火；发射后 8 分 5 秒，一子级发动机进行着陆机动点火；发射后 9 分钟，一子级平稳着陆在海上回收平台，着陆点位于发射点以东 300 千米的大西洋上。

"猎鹰"9 火箭一子级陆上和海上回收试验均取得成功，证明 SpaceX 公司选择的回收技术路线是可行的。若要最终实现火箭重复使用的目标，SpaceX 公司后续还需解决以下问题：一是高轨道发射任务的海上回收，在 3 月份进行的第 4 次海上回收试验时，由于发射地球同步轨道卫星，火箭一子级返回速度大而造成失败；二是回收后重复使用，SpaceX 公司已计划对此次回收的火箭一子级进行 10 ~ 20 次的点火测试和保养维护，将在 5 月或 6 月的发射任务中，测试回收一子级的复用性。如果成功，将是执行轨道运输任务的运载火箭发展的里程碑，有望大幅降低航天发射的成本。

三、火箭一子级回收关键技术分析

"猎鹰" 9 火箭一子级在 70~80 千米左右高空分离时，速度达到马赫数 5.4~7.5，并将继续飞行至轨迹最高点，之后进入返回段。要使处于高空高速状态且长细比较大的火箭一子级垂直降落在预定位置，需克服以下技术难点：一是一子级速度控制，保证一子级返回速度降至安全范围，避免最终速度过大而发生撞击爆炸；二是一子级姿态调整与导航控制，保证一子级可飞回指定位置，并保持垂直姿态降落；三是一子级着陆时的承载与缓冲，使一子级可稳定降落而不造成冲击损伤。

因此，火箭一子级的垂直回收主要涉及三大关键技术，即泵压式发动机大范围变推力技术、垂直返回高精度控制技术和着陆支撑机构技术。返回过程中，通过调整火箭推力大小和方向进行轨迹和姿态控制，综合使用反作用力控制系统、栅格翼气动控制装置、GPS 定位系统和着陆雷达等多种手段，保证制导着陆精度。

（一）泵压式发动机大范围变推力技术

为实现垂直返回，运载火箭一子级发动机一要具备大范围变推力调节能力，"猎鹰" 9 火箭一子级发动机变推力范围约为 50%~120%；二要具备多次重复启动能力，"猎鹰" 9 火箭一子级发动机单次发射任务需启动 4 次。

大范围的变推力调节能力对燃烧、涡轮泵、阀门等各组件均有较高要求，其主要技术难点包括四个方面：一是实现较宽范围推力调节的发动机系统配置；二是适应较宽范围推力调节的发动机燃烧装置喷注单元；三是适应较宽范围推力调节的发动机涡轮泵；四是实现发动机推力调节能力的大范围调节阀技术。

（二）垂直返回高精度控制技术

海上平台回收时，要求"猎鹰"9一子级着陆精度控制在10米以内。垂直返回高精度控制技术主要涉及导航制导技术和姿态控制技术两个领域，其主要技术难点包括三个方面：一是克服级间分离和高速再入过程对一子级姿态的较大扰动，避免一子级姿态发散，以及过大过载造成箭体结构解体；二是具备高精度垂直返回落点控制能力，在着陆前阶段，制导系统需要能够提供实时高精度的位置、速度、姿态和航迹等信息，由飞控计算机解算，并提供发动机摆动控制指令，实现横向和法向落点分散的控制；三是具备着陆前垂直姿态控制能力，在火箭一子级着陆前，姿控系统需要克服着陆过程中的各种干扰，实现一子级垂直调姿。

（三）着陆支撑机构技术

垂直着陆时，着陆支撑机构要为一子级提供稳定的着陆支撑。技术难点主要有三个方面：一是在保证着陆支撑机构自身强度的同时，还需具备良好的缓冲功能，以减小对一子级结构的冲击过载；二是着陆支撑机构需要具有高可靠性，能适应着陆过程火箭倾斜姿态及具有水平速度的情况，防止一子级发生倾倒；三是具备抗发动机喷流的热防护能力。

四、火箭一子级回收方式比较

"猎鹰"9火箭一子级垂直回收方式分为两种，一是返回发射场回收，二是发射方向上落区回收。由于卡纳维拉尔角发射场位于美国东海岸，因此，其发射方向上落区回收又称海上回收，返回发射场回收又称陆上回收。

截至目前，SpaceX 公司共进行 5 次火箭一子级海上回收试验，前 4 次出现了箭体着陆速度过大、姿态控制不当及着陆系统故障等问题而失败；陆上回收试验 1 次，取得成功。"猎鹰" 9 火箭一子级陆上回收飞行剖面如图 1 所示。

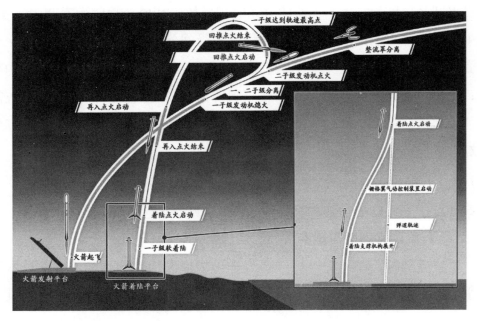

图 1   "猎鹰" 9 火箭一子级陆上回收飞行剖面

陆上回收与海上回收均会造成火箭运载能力损失，但影响程度不同。通过简化测算，陆上回收将使火箭运载能力损失 50% 左右，而海上回收将使火箭运载能力损失 15% 左右。这主要是因为，海上回收时，着陆平台可部署在火箭一子级落区，一子级在返回着陆过程中无需进行大范围横向机动，可减少对箭上回收预留推进剂的需求量，对运载能力影响较小，如图 2 和图 3 所示。未来 SpaceX 将根据有效载荷质量和目标轨道高度，选择不同的一子级回收方式。发射较轻载荷、较低轨道时可选择陆上回收；发射较重载荷、较高轨道时可选择海上回收；如果满载荷发射，只能放弃回收。

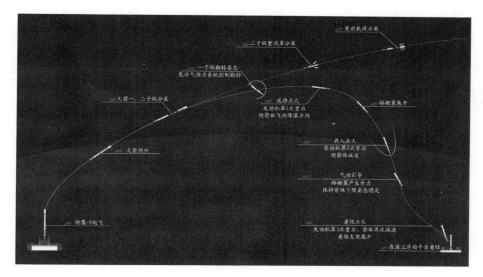

图2 "猎鹰" 9火箭一子级海上回收飞行剖面

图3 海上回收移动平台（ASDS）

（ASDS长约91.4米、宽约52米，由深海钻井平台改进而成）

火箭一子级海上回收还需克服更多挑战：一是需要建造稳定的海上着陆平台，能够海上精确定位且误差小于3米；二是需要高精度火箭返回着陆控制技术，由于海上回收平台面积有限，最终一子级落点精度应控制在10米误差范围内；三是需要应对复杂的海上气象条件，海上天气多变，需要加强天气预报和海况监测，而且恶劣天气还会增加回收任务失败的概率。

五、火箭一子级重复使用发射成本分析

由于目前SpaceX公司未公布"猎鹰"9运载火箭详细的成本数据，故此根据现有资料和经验数据对其成本进行简略分析。

首先，据以往国外商业运载火箭研制经验，可假定"猎鹰"9火箭一二子级成本比为4.15∶1。根据美国国家航空航天局（NASA）发布"猎鹰"9运载火箭成本分析文件，固定价格合同下一二子级成本比为4.63∶1；绩效奖励合同下一二子级成本比为3.66∶1。因此，综合两种合同模式取平均，一二子级成本比为4.15∶1。其次，依照经验，假定发射报价中火箭成本、发射测控费用和利润比为7∶2∶1。最后，根据SpaceX公司估算，一子级回收后测试维护费用为300万美元。

由假定可推算出，"猎鹰"9火箭成本为4284万美元，发射测控费用为1224万美元，利润为612万美元。其中，一子级成本3452万美元，二子级成本832万美元。在"猎鹰"9火箭一子级重复使用、二子级不重复使用情况下，其发射报价与重复使用次数的关系如表1所列。

表1 "猎鹰"9火箭发射报价与一子级重复使用次数的关系

重复使用次数	一子级成本/万美元	二子级成本/万美元	回收维修费/万美元	发射测控费/万美元	利润/万美元	发射报价/万美元	报价降幅
0	3452	832	0	1224	612	6120	0.0%
1	1726	832	150	1224	437	4369	28.6%
2	1151	832	200	1224	379	3785	38.2%
3	863	832	225	1224	349	3493	42.9%
4	690	832	240	1224	332	3318	45.8%
5	575	832	250	1224	320	3201	47.7%
6	493	832	257	1224	312	3118	49.1%
7	432	832	263	1224	306	3056	50.1%
8	384	832	267	1224	301	3007	50.9%
9	345	832	270	1224	297	2968	51.5%
10	314	832	273	1224	294	2936	52.0%

SpaceX公司首席运营官格温·肖特维尔2016年3月9日表示，虽然目前还无法精确确定重复使用火箭会降低多少费用，但回收后再发射的费用降低30%是可行的，发射报价可降至4000万美元左右。

通过上述分析，一子级若重复使用1次，发射报价可降至4369万美元，降幅约28.6%；一子级若重复使用2次，发射报价可降至3785万美元，降幅约38.2%。可以推知，SpaceX公司关于"猎鹰"9火箭一子级重复使用降低发射费用的预期基本合理。

如果仅分析"猎鹰"9火箭成本，若二子级也实现重复使用，当火箭整体重复使用10次，火箭成本可降低至10%；重复使用100次，火箭成本可降低至1%。SpaceX公司总裁马斯克的设想，使火箭发射成本降低一或二个数量级，也是可以预期的，其关键就在于SpaceX公司所设想的运载火箭重复使用技术路线能否实现。

六、几点思考

美国 SpaceX 公司仅用十余年的时间，就在运载火箭商业发射服务领域迅速崛起。"猎鹰" 9 火箭自 2010 年 12 月投入使用以来，以先后实施 20 次航天发射任务，目前已有 45 次发射列入任务清单，其国际商业航天发射市场份额在 2014 年已攀升至 45%。SpaceX 公司取得成功的原因与意义引人思考。

（一）把握美国太空探索战略调整的历史机遇

"哥伦比亚" 号航天飞机在 2003 年解体失事，造成 7 名航天员罹难，致使美国反思太空探索战略。美国后续提出的，无论是 "重返月球" 计划还是 "火星探索" 计划，其共同点都是依托商业公司完成近地轨道的人员与物资运送任务。为此，NASA 着手推出 "商业轨道运输服务" 计划，并向商业公司开放了 "阿波罗" 登月计划的技术与产品。创立于 2002 年的 SpaceX 公司，在 NASA 的扶持下，以 "猎鹰" 1 小型运载火箭起步，历经 3 次尝试失败后，直至 2008 年 9 月取得首次发射成功，并以此次成功为契机与 NASA 签订价值 16 亿美元的 12 次发射任务合同。这使得陷入资金困境的 SpaceX 公司能够继续研制 "猎鹰" 9 大中型运载火箭，直至成功。可以说，SpaceX 公司的成功，既是其创始人冒险创业的结果，也是历史机遇造就的结果。

（二）以低成本为目标实施集成创新与管理创新

SpaceX 公司的核心经营理念是 "低成本、高可靠"。为此，该公司最大程度地采用成熟技术以降低成本，最大限度地简化管理以提升效率。作为运载火箭研制最为艰难的部分，"猎鹰" 9 火箭的发动机研制吸取了 "土星"-5 火箭的相关技术；一子级重复返回技术，借鉴了登月舱的垂直降落技术，并借助工业自动化、电子信息、新材料、新工艺等领域的新进展，进行研制生产过程的优化。例如，一二子级采用相同的发动机与相关结构设计以降低研制成本。该公司采取"垂直一体化"的管理模式，对内缩减管理层级，对外减少产品外包，极大提升研制生产的效率。可以说，SpaceX 公司"异军突起"的关键在于技术集成创新和管理模式创新。

（三）将促进传统航天企业的转型

SpaceX 公司目前最低 5400 万美元的发射报价，极大搅动了国际航天发射市场相对闭合的生态圈，使联合发射联盟等传统航天发射企业面临极大挑战。联合发射联盟已提出研制"火神"火箭，计划在年发射 10～20 次的情况下，使地球同步转移轨道单次发射价格降至 1 亿美元。可以预见，新兴航天企业与传统航天企业竞争将加剧，最终二者将相互借鉴、相互融合，以概念创新、技术创新和管理创新推动航天产业的升级发展。

（中国航天系统科学与工程研究院　徐程远　刘博）

（中国运载火箭技术研究院研究发展中心　申麟　吴胜宝）

美国"猎鹰"9火箭地面点火试验事故分析

2016年9月1日,美国太空探索技术公司(SpaceX)的"猎鹰"9火箭在进行射前地面点火试验过程中发生意外,导致火箭起火爆炸,下面对事故情况及其影响进行了简要分析。

一、事故概况

北京时间2016年9月1日21时左右,SpaceX公司按计划在卡纳维拉尔角空军基地的第40发射工位(SLC-40)对"猎鹰"9火箭进行整箭(装有卫星)地面点火试验,但二子级加注过程中出现事故,火箭起火爆炸,星箭俱毁。SpaceX公司原计划在9月3日发射以色列的"阿莫斯"-6(AMOS-6)卫星,地面点火试验是公司进行发射前的常规流程。

事故发生后不久,SpaceX公司在官网发布了事故的情况通报。通报中表示,由于发射台发生异常,导致火箭和载荷全部损毁,异常情况开始于上面级液氧贮箱,出现在推进剂加注过程中。根据标准操作流程,所有人员都已经撤离发射台，未造成人员伤亡。发射工位和地面设施在爆炸中受损严重，不过 SpaceX 公司没有明确公布受损程度。一名现场消防人员在社交网络上描述爆炸对发射工位的影响：有几十个增压容器和贮箱（包括 5～6 辆增压机车）在爆炸中损毁；发射塔架虽然还竖立在发射台上，但已经完全损坏；发射台角落的一个防雷电塔被损坏；发射台附近的建筑物有的受损严重，有的已经被完全摧毁；不过距离较远的地面液氧贮箱以及水平总装厂房未受到波及。在 SLC－40 受损严重的情况下，SpaceX 公司在通报中表示可以利用范登堡空军基地的 SLC－4E 和肯尼迪航天中心的 SLC－39A 实现复飞。

公司创始人艾伦·马斯克在推特上对事故情况进行了简要说明："猎鹰"9 火箭在推进剂加注时损毁，异常情况从上面级液氧贮箱附近开始，具体原因还未确定。之后，马斯克在推特上还表示"从人的角度看，事故似乎非常紧急，但是这实际上是'快速燃烧'，而非爆炸。如果是'天龙座'飞船就能逃过一劫。"

事故发生后，NASA 表示还不能确定国际空间站的货运任务是否会受到影响，当前国际空间的补给水平还很好。此外，事故发生时，小行星取样返回任务 OSIRIS－REx 的"宇宙神"－5 火箭和载荷位于距离 SLC－40 大约 1.1 英里处的 SLC－41，NASA 表示火箭和有效载荷的状态都非常好，没有受到影响，仍将在 9 月 8 日发射。

美国空军在事故之后也表态将支持 SpaceX 实现复飞。尽管此次任务并非涉及国家安全的航天发射任务，空军也会继续和 SpaceX 合作，保证国家安全载荷发射的安全性和可靠性。美国空军本身没有责任调查事故原因，但 SpaceX 还是邀请空军监督并参与调查过程。

二、事故原因及改进措施

"猎鹰" 9 系列火箭共进行了两次大的改进，形成了 3 种型号，包括"猎鹰" 9 – 1.0、"猎鹰" 9 – 1.1 和"猎鹰" 9 – 1.2，自 2010 年投入使用以来，已完成 28 次发射，其中除 1 次失败、1 次部分成功，其余均获成功[①]。发生事故的火箭是最新的"猎鹰" 9 – 1.2，部分媒体称其为"猎鹰" 9 – FT（全推力），不过 SpaceX 官方仍称其为"猎鹰" 9。"猎鹰" 9 的三种型号对比如表 1 所列。

表 1　"猎鹰" 9 火箭改进前后对比

参数	"猎鹰" 9 – 1.2	"猎鹰" 9 – 1.1	"猎鹰" 9 – 1.0
高/米	70	68.4	47.8
直径/米	3.66	3.66	3.66
级数	2	2	2
起飞质量/吨	549	506	333
LEO 运载能力/吨	22.8	13.15	10.45
GTO 运载能力/吨	8	4.85	4.54
发射费用/万美元	6200	6120	5950
发射次数/次	8	15	5
使用时间	2015.12 至今	2013.9—2016.1	2010.6—2013.3
注："猎鹰" 9 – 1.2 完全一次性使用的 LEO 运载能力为 22.8 吨、GTO 运载能力为 8 吨，但是回收一子级（包括尝试回收）的 LEO 运载能力 9 吨、GTO 运载能力为 5.5 吨			

[①]　2012 年 10 月 8 日，"猎鹰" 9 – 1.0 型火箭在执行国际空间站任务中一子级一台发动机出现故障，导致火箭携带的次要有效载荷——Orbcomm 公司的 OG2 卫星未能入轨，但"天龙座"飞船顺利到达国际空间站，其主要任务顺利完成。2015 年 6 月 28 日，"猎鹰" 9 – 1.1 型火箭在执行第七次国际空间站货运补给任务中火箭声控 2 分 19 秒发生爆炸，船箭具毁。经调查，一子级工作期间，上面级液氧贮箱中的氦气瓶支架失效，引起氦气泄漏，最终导致液氧贮箱因压力过大而破裂。

"猎鹰"9-1.2为两级液体运载火箭，高70米，直径3.7米。一子级采用9台"隼"-1D发动机，海平面推力7607千牛（单台推力约845千牛）。二子级采用1台"隼"-1D真空发动机，推力934千牛。"猎鹰"9-1.2火箭的改进主要是提高发动机推力和推进剂加注量。

（一）提升发动机推力

一级"隼"-1D发动机海平面推力提高至845千牛，二子级"隼"-1D真空发动机喷管延长后，最高推力提升至934.1千牛。此外，对一二子级的级间段进行加长和结构增强，以适应发动机延长的喷管。

（二）提高推进剂加注量

为了适应发动机推力的提升，SpaceX同时通过降低推进剂温度和调整贮箱长度两种方式提高了推进剂加注量。液氧温度降低到-207℃（液氧沸点-183℃），提高液氧密度后，提高了加注量。NASA研究数据表明通过降温提高密度，可将液氧的质量提高8%~15%。煤油（RP-1）的温度从室温降至-7℃，将其密度提高2.5%~4%。从结构上而言，SpaceX增加了二子级的长度，在提高推进剂密度的基础上进一步提升加注容积，增加总体的加注量。对于一子级，SpaceX并未改变其总长度，而是根据推进剂密度增加程度不同（液氧密度提升较多，煤油密度提升较少），缩短了液氧箱的长度，增加了煤油箱的长度，保持一子级总长不变。这很可能是为了尽可能保持结构特征不变，便于利用已经积累的气动、控制、结构等一子级回收试验数据，提高回收成功率。

2017年1月2日，SpaceX宣布完成事故调查，并说明了事故原因。官方声明称，调查人员对事故发生前后超过3000个通道的视频和遥测数据进行了搜寻分析，充分利用脐带缆线传回的数据、地面拍摄视频、爆炸碎片等线索，并在SpaceX加利福尼亚州霍桑总部以及得克萨斯麦格雷戈试验场进行了多次试验之后，确定了事故原因。最终得出结论：事故是由于液氧在复合材料缠绕容器（COPV）的内胆与复合材料层之间累积，导致 COPV 破裂后，引起爆炸。

"猎鹰" 9 火箭一二子级均使用复合材料 COPV 来存储氦气，该容器内胆材料为铝，外层包裹碳纤维复合材料。调查人员发现事故中找回的 COPV 内胆发生变形，虽然金属内胆变形并不能直接导致氦瓶爆炸，但会使内胆和复合材料层之间产生空隙，使加注的超低温液氧渗入其中。而且，贮箱加压之后，渗入的超低温液氧会不断地在空隙处累积。断裂的碳纤维或摩擦都可能引燃渗入符合材料层内的液氧，导致 COPV 破裂。此外，调查人员确认向 COPV 中充入氦的温度足够低，很可能会使超低温液氧固化，形成固态氧（SOX）。这就大大加剧了氧在内胆与复合材料层之间积累和摩擦起火的可能性。

为避免类似事故，SpaceX 公司在近期采取的措施是改变 COPV 的技术状态，允许其充入温度更高的氦，将氦气充气操作恢复至之前已完成飞行验证的技术状态，这种 COPV 的充气技术状态已经成功应用了 700 多次。从长期来看，SpaceX 将改进 COPV 的设计，防止其产生变形，以便能够使用更快的充气方式。

三、发射前的地面点火试验

SpaceX 公司在每次发射之前都会在发射台上对整箭进行点火试验，而且也是唯一进行这项射前试验的发射服务公司。因为 SpaceX 公司一个重要的试验哲学就是"试验状态要接近飞行状态，以实际飞行的状态对整箭进行试验"，所以在发射台上进行静态点火试验就是对发射全流程的演练，包括推进剂加注、发射倒计时以及一子级发动机点火（点火过程利用发射牵制系统固定火箭），并对发射台的大流量的喷淋系统进行试验，保证各个系统都能够正常工作。

SpaceX 公司并不是在所有射前点火试验中都会携带载荷，而是要根据用户的要求，可以在试验前或试验后进行星箭对接。之所以要携带卫星进行试验，主要目的是为了缩短发射周期。通过对"猎鹰"9 火箭已经执行的28 次发射任务的统计，有 16 次任务是携带载荷进行静点火试验，相比于点火试验后再进行星箭对接的任务，其发射周期有一定的缩减。

其他发射服务公司都不会在发射前夕在发射台上对火箭整箭（甚至包括载荷）进行点火试验。大多数发射服务公司都是在接收发动机时通过点火试验（一般是由发动机承包商进行试车）对发动机进行鉴定。除 SpaceX 公司外，轨道 ATK 公司也曾在发射台上对安塔瑞斯火箭一子级进行过 2 次点火试验，第一次是在 2013 年安塔瑞斯火箭首飞之前，第二次是在今年 5 月底安塔瑞斯火箭更换一子级发动机之后。不过轨道 ATK 公司在发射台上进行的点火试验远在发射日期之前，和具体的发射任务无关，其主要目的是对新设计方案进行鉴定和验证。

还有部分发射服务公司会进行射前演练，但是数量也非常有限。联合发射联盟（ULA）的"宇宙神"-5 火箭会在某些发射任务中进行射前演练，演练过程中进行推进剂加注和点火倒计时，但是不会进行点火试验。最初，ULA 是将发射演练作为标准的射前流程，但在 2012 年简化这一步骤，主要目的是为了节省时间和成本，当时美国航空航天公司（Aerospace）估计简化演练能够为发射流程节约 5 天时间和 50 万美元。现在只有部分特殊发射任务（用户可以自由选择，需要支付更多的发射费用）才会进行全面的射前演练，如 NASA 在 2016 年 9 月 8 日执行"奥西里斯—雷克斯"

（OSIRIS－Rex）任务，由于任务非常重要，而且发射窗口比较短，因此 ULA 在 8 月底为此进行了一次全面的发射演练。

虽然发射前出现火箭损毁的情况非常少见，但也并非没有先例。2003 年，巴西的 VLS 小型运载火箭在射前准备过程中，火箭的固体发动机意外点火引起爆炸，导致 21 人死亡。

四、事故影响

（一）发射任务被推迟，商业信誉受影响

早在 2015 年，SpaceX 公司就在执行国际空间站货运任务中，由于火箭上面级液氧贮箱中的氦气瓶支架失效，导致"猎鹰"9 火箭在飞行中发生爆炸。为调查故障原因及整改，SpaceX 公司在后续半年停止了所有发射任务。2015 年原计划完成的 12 次发射最终仅完成了一半。2016 年 SpaceX 公司原计划有 17 次发射任务，但实际仅完成了 8 次。事故发生之后，剩余的发射任务都被迫再次推迟。受此影响，英国的卫星运营商国际移动卫星公司（Inmarsat）取消了与 SpaceX 公司的卫星发射订单，改由欧洲的"阿里安"－5 火箭发射。在公司的商业信誉会受到较大负面影响的情况下，未来安抚用户的担心，并及时调整发射计划将是该公司亟需解决的问题。

（二）发射台严重受损，新设施投入使用

由于"猎鹰"9 火箭的绝大多数任务属于近地轨道以及 GTO 轨道的发射任务，而这些任务都需要在 SLC－40 工位执行，因此 SpaceX 非常依赖于该发射工位。在 SLC－40 工位的发射塔架受损严重，基本接近损毁的情况下，短期内很难完成修复。对比轨道 ATK 公司 2014 年在沃勒普斯发射场爆炸事故后，虽然未对发射台造成毁灭性的影响，但发射场的修复仍然用了

整整一年的时间。因此，预计本次事故后将塔架及该区域完全修复的时间也将长达数月。在这种情况下，SpaceX 公司只能尽快完成 SLC－39A 工位的建设，利用该工位来暂时代替 SLC－40 工位。SLC－39A 工位和 SLC－40 工位都在卡纳维拉尔角，位于美国东海岸，SpaceX 公司分别于 2014 年和 2007 年向 NASA 和美国空军租用了这两个发射工位。SLC－39A 工位还将用于"猎鹰"重型火箭的发射以及"猎鹰"9 载人任务的发射。

（三）尽管商业乘员计划暂未受影响，但火箭可靠性仍是制约因素

虽然 SpaceX 公司的"猎鹰"9 火箭两次发生事故，但实际上没有影响 NASA 的商业载人项目。事故发生后，NASA 在 2015 年 11 月和 2017 年 1 月都向 SpaceX 公司授出载人发射任务的合同。尽管如此，对于载人航天飞行而言，可靠性以及安全性仍是关键的制约因素，如果不能尽快改善并保证"猎鹰"9 火箭的可靠性，未来 SpaceX 公司在 NASA 的商业乘员计划中很难立足。

五、结束语

SpaceX 公司在采用超低温推进剂后出现过多次意外：2015 年 12 月，"猎鹰"9－1.2 首飞任务前，在发射前的点火试验中，由于超低温液氧加注问题造成了多次试验延后；2016 年 3 月，在发射 SES－9 通信卫星时，再次因为低温液氧加注问题多次推迟发射时间。ULA 曾表示采用超低温液氧的效果有限，但是复杂度会大幅增加，而且起飞时液氧的状态也很难确定。如果 SpaceX 公司此次事故和超低温液氧有关，那么这种技术改进的效果和风险相比就不值一提了。另外，SpaceX 公司为了缩短发射周期，在完成星箭对接之后再进行地面试验的风险同样非常大，如果仅仅是火箭试验，那么损失就会降低很多。

因此，在成熟的技术条件下，如果要引入新技术、新方法，应该充分考虑到其附加影响，对实际能够产生的效果和潜在的风险进行详细评估，权衡对比之后，再确定是否值得尝试。

（北京航天长征科技信息研究所　杨开　龙雪丹）

美国重型运载火箭最新进展与启示

随着人类探索太空的不断深入，NASA 将未来的探索目标瞄准了更加遥远的深空。2010 年 4 月，奥巴马总统提出了新的载人火星探索构想并得到政府批准。2011 年 9 月，NASA 正式对外公布了美国新型重型运载火箭——"航天发射系统"（SLS）方案。

2015 年 8 月，NASA 对外发布了火星探索路线图，如图 1 所示，将人类登陆火星计划分为三个阶段："地球依赖"阶段、"地月试验场"阶段和"地球独立"阶段。"地球依赖"阶段主要以国际空间站（ISS）为平台，继续收集 ISS 技术试验信息，为深空探索任务做准备。"地月试验场"阶段主要发展深空运输基础设施，进入地月空间开展一系列试验，验证人类火星探索任务所需要的能力。"地球独立"阶段将发射载人飞船进入火星轨道，最终实现宇航员登陆火星表面，开展科学技术研究。为实现这些目标，分阶段研制 SLS 重型火箭成为美国载人火星探索计划的最重要组成部分之一。

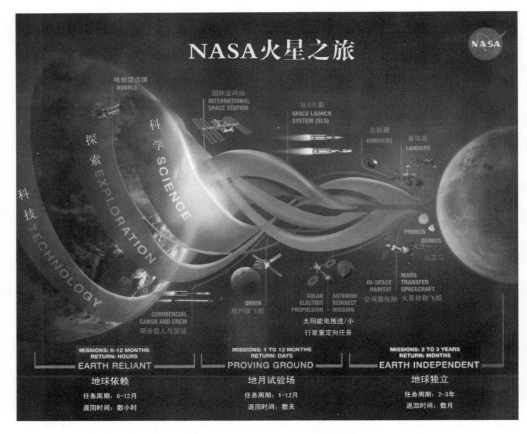

图 1　NASA 发布的火星探索路线图

一、SLS 项目基本情况

NASA 采取渐进式、分阶段方式研制 SLS 重型运载火箭，如图 2 所示。SLS 火箭有三个基准构型：SLS – 1 型、SLS – 1B 型和 SLS – 2 型。其中，SLS – 1 型的 LEO 运载能力为 70 吨，而改进的 SLS – 1B 型和最终的 SLS – 2 型 LEO 运载能力分别达到 105 吨、130 吨。

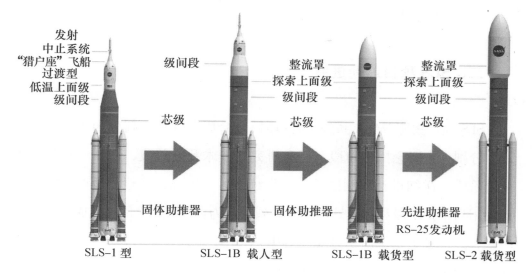

图 2　NASA 最新公布的 SLS 火箭构型图

　　SLS－1 型全长 98.2 米，起飞质量 2500 吨，起飞推力约 39000 千牛，由 4 台 RS－25 液氢/液氧芯级主发动机和 2 个五段式固体火箭助推器组成。芯级高 64.6 米，直径 8.4 米，可以容纳 952 吨的推进剂，容积居世界之首。五段式固体助推器高 53.9 米，直径 3.7 米，推进剂质量约 680 吨。芯级和助推器的发动机都继承了航天飞机项目的硬件。SLS－1B 分载人型和载货型两种，芯级和捆绑助推器与 SLS－1 型相同，将采用由 4 台 RL10C 发动机组成的探索上面级（EUS）。SLS－2 型将延用 SLS－1B 型的芯级和上面级，新研先进固体或液体捆绑助推器拟将运载能力提高到 130 吨。

　　SLS－1 型火箭将于 2018 年 9 月执行首飞任务，即"探索任务"－1（EM－1），发射猎户座飞船执行无人绕月飞行，测试箭船的整体性能。EM－2 任务计划在 2021 年左右进行，将首次发射载人的猎户座飞船进行绕月飞行并返回地球，为载人火星任务做准备。SLS 火箭的后续任务和有效载荷尚未确定，多种方案现处于研究阶段，其中包括载人登陆小行星和对

"木卫二"进行机器人科学考察。

二、SLS 项目最新进展

SLS 项目按照 NASA 系统工程/项目寿命周期管理，划分为 7 个递进阶段，分别为：概念探索阶段，概念研究和技术开发阶段，初步设计和技术完善阶段，详细设计和制造阶段，系统组装、集成、试验和投产阶段，运行使用与维护阶段和退役处理阶段。到目前为止，SLS 项目已完成了前 4 个阶段，并通过了系统需求评审（SRR）、系统定义评审（SDR）、初步设计评审（PDR）和关键设计评审（CDR）。

CDR 结果认为 SLS - 1 火箭的设计在技术上正确、有效、成熟，可以进入系统组装、集成、试验和投产阶段。这也是 NASA 继航天飞机后首次进行重型火箭的关键设计评审。SLS 项目在完成火箭的制造、组装和试验后将于 2017 年进行设计鉴定（DC），即按照初始设计评估制造完成的火箭。此外，首飞前的里程碑事件还包括系统集成评审（SIR）、试验准备评审（TRR）、运行使用准备评审（ORR）和飞行准备评审（FRR）。

2016 年，SLS 项目在芯级制造、芯级发动机试验、助推器试验等关键部段和分系统方面取得了诸多进展。

（一）大直径芯级

SLS 芯级是目前世界上最大的火箭推进级，由波音公司在位于新奥尔良州的 NASA 米丘德工厂进行生产制造。芯级主要分为 5 部分：氧箱（容积为 742 米³）、氢箱（容积为 2032 米³）、前裙段、箱间段和发动机段。各部分通过环状连接件连接以保证强度。

芯级的焊接工装建设已取得显著进展，箱段、箱底和环状结构件的生产在进行中。米丘德工厂的垂直组装中心（VAC）已完成安装，该工装高51.8米，宽23.8米，是世界上最大的搅拌摩擦焊工装。此外，米丘德工厂还安装了另外5台先进的焊接工装。所有芯级结构件（含样件、试验件和飞行件）的焊接工作于2016年夏全部完成，为SLS火箭2018年首飞做准备，如图3所示。

图3　SLS-1火箭芯级氢箱完成焊接

为确保芯级能够承受火箭起飞时和飞行过程中的载荷，NASA专门为SLS芯级修建了4座新的结构试验台，分别用于芯级氢箱、氧箱、级间段和发动机段的试验。氢箱试验台高约65.53米，在原"土星"-5火箭F-1发动机的试验台基座上建造，用于测试液氢贮箱。氧箱试验台位于马歇尔航天飞行中心（MSFC）西试验区，高约26米，用于测试液氧贮箱和前裙段。箱间段试验台和发动机段试验台高度分别达到18.9米和15.2米，计划用于 SLS 芯级箱间段和发动机段的载荷测试。新型试验台 2016 年底完工，2017 年可进行贮箱的结构试验。

（二）RS–25 低温主发动机

SLS 三种构型都将采用 RS–25 发动机作为芯级主发动机。该发动机由航空喷气·洛克达因公司生产，是历史上第一台可重复使用火箭发动机，也是最可靠、试验次数最多的大型火箭发动机之一。它曾用作航天飞机的主发动机，特点是性能稳定、可靠性高，任务成功率达到 100%，可靠性达 0.9996。在航天飞机 135 次任务和相关发动机试验中，RS–25 发动机共计进行了 100 万秒的热点火。

RS–25 发动机将在 SLS 火箭上升段为芯级提供推力，每台发动机可以产生约 2320 千牛的真空推力，达到额定值的 109%。SLS 项目目前有 16 台飞行用 RS–25 发动机和 2 台试验用发动机，分别用于 SLS 火箭的前 4 次飞行任务和所需的发动机改进。

过去几年，发动机的改进工作主要围绕 SLS 性能需求展开。其中 0525 号试验型发动机在 2015 年完成了首轮 7 次热点火试验，总时长超过 3000 秒。关键目标包括：确定新的推进剂入口条件和启动程序；确定接口条件改进，包括新的底部热环境；硬件验收试验和含流体动力在内的延寿；新型控制器和软件的研发和鉴定。

首轮热点火试验已经取得成功。2016 年首次点火试验使用了参加 SLS 第二次飞行任务的发动机（2059 号），试验目标主要是验证新型发动机控制器，检查发动机在不同温度、压力条件下的点火情况和在各种功率下的运行性能，以及推进剂流量传感器的性能。此外，还进行 3 次试验型发动机（0528 号）的热点火试车，时长超过 1500 秒，主要验证发动机和新型控制器的性能。2017 年，NASA 还将进行 4 台 RS–25 发动机的联合试验。

后续飞行任务所用发动机的生产工作也将重启。洛克达因公司重新启动 RS－25 主发动机的研制工作，对发动机进行优化，将其改为一次性使用发动机，成本更低，推力可达到额定功率的 111%。扩展合同包括生产 6 台新型发动机，用于 SLS 后续飞行任务。

（三）捆绑助推器

SLS－1 型和 SLS－1B 型火箭配备了 2 台五段式固体助推器，由轨道 ATK 公司研制生产，它是世界上最大的固体火箭助推器，由航天飞机原四段式固体助推器改装而来。助推器将为 SLS 重型火箭提供 75% 的推力。该助推器在原有基础上进行了改进，改用无石棉隔热材料，增大喷管以适应更大的内部压力，采用新的控制设备和推进剂药柱等。芯级和助推器的连接点也比航天飞机外贮箱的连接点更低。相对于四段式助推器，其推力提高了 20%，比冲提高了 24%。

2016 年 6 月，SLS－1 型运载火箭五段式固体助推器在位于犹他州的试验场进行了第二次热点火鉴定试验（QM－2）。试验中，助推器被冷却至 4.4℃后点火，试验时长 126 秒，内部温度达 3300℃，助推器尾焰速度达到马赫数 3，530 多个测量仪器提供了 82 项关键数据，其中涵盖助推器性能、声学性能、助推器振动、喷管改进、绝缘升级、助推器分离发动机结构动力响应和喷管矢量参数等，初步数据显示助推器性能良好，试验目标完成。此前，五段式固体助推器曾于 2015 年 3 月完成第一次鉴定试验（QM－1），助推器被加热至 32℃后进行点火。这些数据后续将用于助推器参加实际飞行前的性能分析。

NASA 还于 2012 年启动了先进助推器工程验证和风险降低（ABEDRR）项目，旨在为 SLS 寻找更先进的助推器替代方案。先进助推器主要用于运载能力达 130 吨的 SLS－2 型。先进助推器推力更大，对长期的深空探索工程而言价格更合理，同时还要与 SLS 火箭的通用芯级结构相匹配。NASA 已选定了 4 家公司的 5 个方案开展研究。后续，NASA 将对先进助推器设计、研发、试验和评估（DDT&E）进行公开竞标。

（四）低温上面级

SLS – 1 型火箭使用由"德尔它" – 4 火箭低温二子级改进而来的过渡型低温上面级（ICPS），氢箱直径 5 米，氧箱直径 4 米，推进剂最大加注量为 27 吨，使用单台 RL – 10B2 发动机，真空推力 110 千牛，最长工作时间为 700 秒。改进工作包括加长推进剂贮箱，增加姿控所需的肼瓶，增设电子设备等，以满足 SLS – 1 型火箭的载荷和工作环境要求。目前，过渡型低温上面级已完成结构试验件的制造，现已运抵试验台，准备进行结构试验。

SLS – 1B 型和 SLS – 2 型火箭将使用探索型上面级（EUS），长 18.3 米，氢箱直径 8.4 米，氧箱直径 5.5 米，推进剂最大加注量为 129 吨，使用 4 台 RL – 10C1 发动机，单台推力为 101 千牛，最长工作时间为 2000 秒。该上面级最早将用于 2021 年左右的 EM – 2 探索任务。

（五）肯尼迪发射场

为满足 NASA 以 EM – 1、EM – 2 为起点的深空探索任务，在肯尼迪航天中心（KSC）修建和改进了所需的设施和地面支持设备，改进相关的通信和控制系统，以进行 SLS 火箭和猎户座飞船飞行硬件的准备、组装、试验、发射和回收。目前，地面系统已完成移动发射车的结构和设备改进；在垂直组装大楼开展发射平台适应性建设，为 SLS 火箭操作提供进出通道；在 LC – 39B 发射工位，建设尾焰导流槽，完成基础设施和推进剂/供气系统的改进；安装和升级软件，以支持端对端发射场指令和控制系统应用；完成移动运输车的延寿和改进。后续还将完成发射场指挥和控制系统（SCCS）的研发和验证、移动发射车（ML）地面支持设备的安装和脐带安装等。

三、结束语

（一）火箭构型进行局部调整，用成熟技术加快研制进度，降低研制成本

在完成 SLS – 1 型火箭 CDR 之后，NASA 对 SLS 重型火箭的构型也进行了调整，各型火箭均采用以 RS – 25 主发动机为动力的公共芯级。SLS – 1B 型将继续采用五段式固体火箭助推器而不是原来的先进火箭助推器，这样有利于加快研制进度。SLS – 1B 和 SLS – 2 型都将采用由 4 台 RL – 10C 发动机组成的探索型上面级，更是利用已有的成熟上面级发动机技术，不仅可以降低研制成本，还能确保高可靠性目标。在此基础上，SLS – 2 型将研制先进固体或液体助推器，以替代五段式固体助推器。

SLS 火箭是用于美国载人火星探测的专用重型火箭，不追求单发火箭的低成本和技术先进性，强调的是整个系统的高可靠性和可实现性，并对全寿命周期成本进行合理管控，符合美国国家载人航天探索目标和 NASA 总的预算要求。

（二）研保条件建设提前布局，重点开展大直径结构焊接、箭体结构试验和发动机试车

尽管美国在超大直径芯级制造和试验方面积累了成熟技术，仍为此安装了大型焊接工装并修建新的结构试验台；发动机试车方面，开展了多轮次热点火试车，芯级主发动机不但要进行单机试验，还要进行多机联合试验。

NASA 在米丘德工厂安装了 6 台大型搅拌摩擦焊工装，用于 8.4 米火箭芯级主要结构件的焊接；建造了 4 个新的试验台，用于芯级贮箱、箱间段、

发动机段的载荷试验；制造完成了芯级、助推器、级间段、飞船支架等结构件的样件、试验件和飞行件；开展了芯级发动机单台热点火试车（7 次）和固体助推器验证试验（3 次）与鉴定试验（2 次）。后续还将开展芯级飞行用发动机单机试验和 4 台发动机联合试验。肯尼迪航天中心的发射场适应性建设和改进已完成大部分工作，所有改进工作将于 2018 年初完成。

（三）NASA 陆续部署演进型火箭的研制，先进助推器和探索上面级是后续重点

NASA 目前将工作重点放在 SLS – 1 型首飞上，但与此同时也在开展演进构型研制的相关工作。2014 年 6 月，NASA 提出研制探索型上面级替换 SLS – 1 型的过渡型上面级，但 NASA 安全办公室和宇航员办公室反对用新上面级执行载人任务。因此，2021 年的 EM – 2 任务（SLS – 1B 型首飞）将可能是一次无人试验飞行，首次载人飞行将推迟至 2023 年的 EM – 3 任务。主发动机方面，现有的 16 台飞行用 RS – 25 发动机仅够前 4 次飞行任务，NASA 已授出了后续任务使用的 RS – 25E 发动机（一次性使用）的研制生产合同。最后，将研制全新的先进固体或液体火箭助推器，实现最终载人火星探索目标。

为进一步提高 SLS 火箭的运载能力，满足美国载人探火的最终目标，NASA 将研制重点放在探索上面级和先进助推器上，探索上面级仍使用低温推进剂捆绑多台经过改进的"半人马座"发动机，先进助推器不排除使用"土星" – 5 的液氧/煤油推进剂方案。

（四）美国私营公司也在发展重型火箭，将对未来市场产生深刻影响

SpaceX 公司已经成功进行了 20 余次"猎鹰"9 火箭的发射，仅有 1 次失败，还成功进行了一子级火箭的陆上和海上垂直着陆回收，目前正在研制运载能力达到 54 吨的"猎鹰"重型（Falcon H），它以现有"猎鹰"9 一子级为公共芯级和助推器，上面级采用改进型的"隼"－1D发动机，该火箭未来将执行大型有效载荷的发射任务和火星探测任务。"猎鹰"重型火箭也将考虑回收一子级和助推器。

"猎鹰"重型火箭充分利用已有的"猎鹰"9火箭成熟技术，通过批量生产和一子级回收降低发射成本。该火箭将瞄准大载荷、多任务飞行，竞争美国政府和商业载荷的发射任务，对未来市场态势的影响不可低估。

（北京航天长征科技信息研究所　解晓芳）

俄罗斯旋转爆震火箭发动机技术突破将引发航天动力新变革

俄罗斯先期研究基金会对世界首台液氧煤油旋转爆震火箭发动机全尺寸样机进行 33 次点火试验，实现连续爆震，产生稳定推力，发动机工作频率达 20 千赫，验证了旋转爆震火箭发动机的技术可行性。旋转爆震火箭发动机的工程应用将给航天动力领域带来划时代变革。

一、基本原理

旋转爆震火箭发动机是一种新概念发动机，主要由环形爆震燃烧室、热射流管、喷管、微型喷嘴等部分组成。燃烧室一端封闭，另一端开口，喷嘴均匀分布在燃烧室封闭端。燃料和氧化剂由微型喷嘴沿轴线方向喷注进入燃烧室，形成可燃混合物，经热射流管起爆后，形成一个或多个爆震波。当爆震波传至某喷嘴时，由于爆震波附近压力大于推进剂注入压力，喷嘴停止工作；爆震波过后，压力降低，推进剂喷注，推进剂在后续爆震波的压缩作用下再次爆震，产生连续的爆震波。爆震波在燃烧室头部与燃料注入垂直的方向周向高速传播，传播速度极快（达到几千米/秒），由于爆震波的传播方向和燃料来流方向相互独立，使得燃料喷射速度从亚声速到超声速范围内变化时，连续旋转爆震依然能持续进行。爆震波使可燃混合物的温度和压力迅速升高，生成高温高压爆震产物，爆震产物沿轴向膨胀，从开口端高速喷出，产生推力。旋转爆震火箭发动机通过调节推进剂流量调节推力，推进剂流量越大，发动机推力越大。旋转爆震波发动机燃烧室工作示意图如图 1 所示。

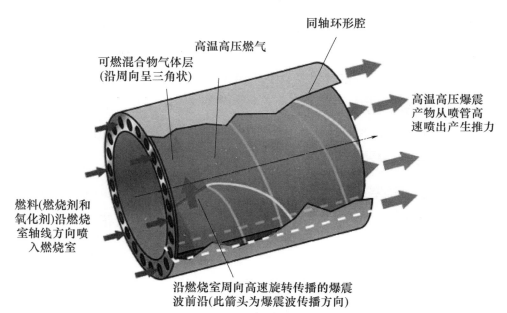

图 1   旋转爆震波发动机燃烧室工作示意图

二、研究背景

当前，传统液体火箭发动机基于等压燃烧的方式，其燃烧技术已相当成熟，发动机中包括结构、材料等很难有非常大的突破，热效率提升的空间有限，迫切需要一种基于全新热力循环方式，具有高热循环效率、高推进性能的动力装置。旋转爆震火箭发动机热循环效率高、结构简单、推重比大，是一种可用于航天运载器的新型动力装置。

三、发展现状

俄罗斯开展旋转爆震火箭发动机技术研究已超过 50 年。20 世纪 60 年代，苏联首先在圆盘形试验装置上实现了预混乙炔/氧气的旋转爆震，研究了爆震波的结构和传播特性；1961—1964 年，美国尼古拉斯等人对旋转爆震发动机可行性进行论证，试验中所用的喷注方式与传统液体火箭发动机类似，分别选用多种不同的燃料和氧气组合，实验中成功地起爆，并得到了旋转爆震波，但爆震波旋转一周后消失，不能稳定传播。20 世纪 70 年代后，苏联系统开展了旋转爆震火箭发动机推进剂喷注压降、推进剂流量、燃烧室构型、燃烧室出口环境压力等研究。早期的旋转爆震研究在起爆上遇到了一定的困难，苏联采用火花塞起爆，美国实验了火花塞和预爆管两种起爆方式。

21 世纪初，俄罗斯与法国合作，在实验室状态下试验验证了多种推进剂组合，获得稳定传播的旋转爆震波：在内径 100 毫米燃烧室中实现了氢气/液氧的稳定旋转爆震；在内径为 330 毫米的燃烧室中实现了煤油/空气的稳定爆震；在内径 50 毫米的燃烧室中实现了煤油—氧气组合的稳定爆震，得到了 2750 牛的推力。之后欧洲导弹系统公司（MBDA）独立进行多次演示验证试验。2009 年，美国俄亥俄州立大学和空军研究室等用氢气作为燃料，空气作为氧化剂，实现了连续旋转爆震，并利用高速摄影研究了爆震波从一个波头到两个波头的转捩现象，同时发现当发动机进入转捩区域以后，发动机的输出比冲随着空气质量流量线性增加。美国波音公司等机构通过改变燃烧室压力，研究了单个波头、双波头和多波头的分布情况，指出大流量会产生较多的爆震波，而爆震波个数与燃料的当量比无关。波兰和日本针对连续旋转爆震展开联合研究，试验起爆成功，获得了稳定传播的爆震波，并且对燃烧室内高频压力振荡进行了测量。试验发现，紧接着爆震波后的燃烧产物具有很高的周向速度，其离心效应使环形燃烧室外壁压力高、内壁压力低，压力梯度的存在有利于燃料从内壁喷射，是爆震波能够持续旋转的根本保障。结合数值仿真对爆震波结构进行分析，爆震波前预混气不但具有相对于爆震波的环向速度，还具有一定的喷注速度，爆震波面应该垂直于合速度，因此有一定的倾斜。

2014年，俄罗斯先期研究基金会出资，在前期初始理论和试验研究基础上，启动了液氧煤油旋转爆震火箭发动机样机研究项目，2016年7月至9月对全尺寸样机进行33次试验。样机利用自适应技术实现了连续爆震，初步证明旋转爆震火箭发动机技术可行，向实现技术实用化迈进了重要一步。

四、存在的问题

旋转爆震火箭发动机作为一种新概念动力装置，结构和工作过程与液体火箭发动机类似，可继承很多液体火箭发动机的研究成果，但其在研究过程中仍面临诸多工程和技术上的挑战。

首先，旋转爆震火箭发动机环形燃烧室结构设计面临挑战。旋转爆震火箭发动机启动过程中，需要保证在环形燃烧室头部的高速气流中成功实现爆震，并控制爆震波能按照特定的方向旋转，实现瞬态启动。这对旋转爆震火箭发动机环形燃烧室的结构设计提出了一定要求。

其次，旋转爆震火箭发动机对燃料供给系统要求较高。旋转爆震火箭发动机在运行过程中，爆震波始终存在于燃烧室，燃烧室中的压力始终处于较高水平，爆震波后的高温高压产物通过燃料注入装置回流，导致燃烧室中的爆震波结构出现异常，出现爆震波的转向和多波面现象，导致燃烧不稳定，影响发动机正常工作。因此，为了避免上述情况出现，必须保证旋转爆震火箭发动机燃料供给压力始终高于燃烧室内的压力，对燃料供给系统提出较高要求。

此外，旋转爆震火箭发动机的材料和结构设计面临挑战。旋转爆震火箭发动机的燃烧室中连续燃烧的旋转爆震波属于超声速燃烧波，具有很高的热循环效率，燃烧过程中燃料消耗速度快，释热率高。因此，旋转爆震火箭发动机产生的燃气温度和压力比常规火箭发动机、航空发动机和脉冲爆震发动机等更高。燃烧室压力达到数兆帕，温度超过3000开，使得燃烧室、喷管和燃料供给系统承担巨大的热负荷和强度负荷，对旋转爆震火箭发动机的材料和结构提出更高要求。

旋转爆震火箭发动机当前还处于技术探索阶段，旋转爆震波结构、传播机理和稳定性还不十分清楚，运行的可控性也比较差，可持续运行时间很短。近期的实验研究中测得的氢氧混合物比冲最大只有300秒，仅相当于液体火箭发动较低水平，距理论上的预测值2000秒还存在较大差距，众多实际问题还需进一步研究和解决。

五、应用前景

旋转爆震火箭发动机有望替代现有液体火箭发动机，为新型运载火箭和空天飞行器提供动力。旋转爆震火箭发动机基于类似等压燃烧的爆震，爆震燃烧温度高、熵增小，可大幅提高发动机热循环效率，降低燃料消耗率；爆震可实现自增压，省去笨重复杂的压气机和涡轮泵等增压部件，使发动机结构简单、质量轻、推重比大，可大幅提升载荷运载能力，降低进入空间成本。

（中国航天系统科学与工程研究院　任晔）

美国寻求利用物理层安全技术
提升卫星网络安全

2016 年 7 月，美国空军研究实验室、空军学院等部门相继披露了物理层安全技术在卫星通信和组网领域的最新研究进展。物理层安全技术具有实现复杂度低，保密性强且能够兼容现有卫星微波通信系统等优点，该技术一旦成功应用，将进一步增强美军卫星通信系统的安全，扩大美军战场上的不对称优势。

一、物理层安全技术概念

物理层安全技术是指在无线通信系统中，只依靠天线、调制等物理层手段实现信息加密，不依靠 OSI 七层体系架构中其他层密码加密等手段实现的安全保密通信技术。

经典的香农信息论在 1972 年指出，信息传输速率受到系统带宽、传输功率、天线数量、噪声等因素的影响。在军用通信系统中，通过技术手段降低敌方接收带宽与功率，增加系统噪声，可使得敌方的信号侦察手段完全失效，无法进行数据恢复，这就是物理层安全技术的本质。该技术一旦应用于卫星通信网络，并结合目前成熟的密码加密技术，进一步提升卫星通信的安全系数，达到保密通信的目的。

二、物理层安全技术在美军卫星网络的主要应用

美国是世界上在轨卫星数量最多的国家，卫星网络数据安全一直是美军关注的重点领域。随着微小卫星技术、星间协同等技术的发展，卫星网络传输的数据类型更加多样化，传输速率急剧提升，对军用保密通信提出了更高要求。

自物理层安全技术提出以来，美国军方相关部门一直与高校和企业合作，进行相关技术的军用化探讨。近一年以来，随着星载多天线技术和在轨网络重构技术的成熟，物理层安全技术具备了在轨实用化能力。当前，美军在物理层安全领域的研究主要涉及以下三个方面。

（一）卫星点波束技术研究

传统卫星通信领域中，信号覆盖面极大，敌国可轻易在本国势力范围或公共区域通过地面接收设备进行侦收，为通信安全留下极大隐患。点波束技术可以通过星载的多根天线，将功率集中在相对较小的区域从而构造出方向性极强的点波束，敌国无法在不侵犯国境线或警戒区的情况下收到足够强度的信号进行破译。该技术最早应用于地面移动通信网络，通过多根天线构造出方向性波束，来提升既定区域的传输速率。而星载多天线和组网技术近两年来日趋成熟，为该技术的应用奠定了基础。2015 年的美国军事通信会议中，相关专家和学者对该技术的地面试验效果给予了高度评价，认为基于物理层安全技术的卫星点波束能够有效地减小功率泄漏，从物理原理上避免敌国对信号进行侦收和破译的可能性，极大地提升系统的安全系数，值得进一步的推广和应用。

（二）人造噪声设计技术

物理层安全技术可以通过人为增加噪声，将真实信号隐藏在噪声中，使得在自身接收信号不受影响的前提下，非合作接收方很难发现真实信号的存在。即使发现了隐藏在噪声中的信号，也无法正确接收，极大地增强信息安全系数。在卫星网络中，由于星上处理能力和能源受限，设计出一种低复杂度且难以被敌国破解的人造噪声生成方案成为该技术要解决的核心问题。2015 年，IEEE 无线通信领域顶级期刊（IEEE Trans. On Wireless Communication）刊载了应用于卫星网络环境的人造噪声设计的最新进展。通过新型噪声设计方案，现有通信卫星系统能够以极低的复杂度增加可控人工噪声，卫星通信网络的安全系数提升可达 100 倍，理论上来说，该信号完全无法破译。在现代复杂电磁环境中，通过在卫星信号中增加人工噪声，将有效提高战场通信系统的有效性和生存性，而己方可根据相应的规则正确解调出信号，达到安全保密的效果。

（三）物理层身份认证技术

该技术主要利用物理层信号的细微特性来识别硬件设备的唯一性，以达到设备接入控制的目的，使得非法用户无法接入系统，达到安全保密的效果。例如，美军可以通过信道特性拒绝指定区域内的终端接入，从根本上杜绝网电攻击或者侦查的可能性。目前，该技术已应用在美军卫星通信系统和雷达系统中，区分合法用户和窃听用户，结合传感器网络密码加密系统，将极大提升信息传输的安全性。

三、物理层安全技术的未来展望

当前，美国在无线网络物理层安全技术方面处于学术界和工业界研究阶段，卫星在轨应用只是时间问题。物理层安全技术具有使用门槛低、保密效果好的特点，在军事通信系统中具有较高的应用潜力，与传统密码加密方案的结合，可以进一步提升通信安全。当前，物理层安全技术在理论上已相对成熟，其硬件产品也已在地面传感网络开始测试并应用，特别是在军用保密通信领域已得到较好验证。

但是，物理层安全技术在空间信息网络的应用也存在亟待解决的问题。首先，当前卫星点波束技术的在轨试验还未展开，理论上最小波束覆盖半径约为500米，波束生成和切换时间较长，有进一步优化的空间；其次，人造噪声技术只能增大敌方获取数据的难度，如果噪声生成方案被破解将造成保密措施失效，或者敌方采用先进的跟踪式高功率主动电磁干扰手段时，己方的正常通信将受到较大影响；最后，物理层鉴权技术存在被欺骗的可能性，如通过无线认知手段学习战场通信信号，或者己方通信终端被敌方获取后将构成严重的泄密隐患。

（中国国防科技信息中心　高原）

空间计算技术或将引发天基信息网络体系变革

2016 年 3 月，《美国计算机协会通信》杂志以及美国电子电器工程师协会数字图书馆（IEEE Xplore）刊发了数篇有关"空间计算"（Spatial Computing）的研究论文。文章认为，空间信息网络的高速发展，使得在轨卫星的计算及组网能力有了显著提升，有望改变传统的依赖地面节点进行数据处理的工作方式，为美军空间信息网络的发展带来新的变革。

一、空间计算技术概念的演变与提出背景

当前大部分在轨卫星的星上处理能力较弱，数据处理和分析主要依赖地面处理节点（主要指地面数据处理中心）来完成。随着星载处理芯片性能的大幅度提升以及空间组网关键技术的突破，数据的星上处理和星间传输成为可能。不同轨道的多种卫星之间将可以直接或通过中继方式进行数据交互，卫星和终端之间也可以进行多种形式的数据交互，多颗卫星和终端就构成了一个庞大的分布式处理网络，该网络能够提供强大的分布式数据处理和分析能力，代替部分地面数据处理中心的职能，大大提高信息的时效性和稳定性，

同时具有极高的系统弹性和抗毁性。"空间计算"概念是在卫星在轨计算和组网能力的基础上提出，涵盖了空间数据挖掘、空间大数据分析、空间认知以及其他与地理或者非地理空间相关的计算性问题，彻底改变了卫星数据交互和处理的模式，为美军空间信息网络的构建带来了新的机遇。

二、美军正积极开展"空间计算"技术研究

美军早在2012年就开始关注空间计算技术，空军学院、空军研究实验室等单位和伯克利大学、斯坦福大学等高校开展了关于卫星在轨信息处理、空天地一体化协同组网等相关技术的研究。根据对近两年来的学术论文的跟踪，对美军在空间计算领域的主要研究总结如下。

（一）信息物理系统云计算

众多不同轨位不同功能的卫星组成了庞大的空间异构网络，该分布式异构网络架构与云计算的部署环境十分契合，因此，如何部署和利用星上资源进行云计算，提升数据处理效率是美军关心的问题。当前，美国空军研究实验室已经完成了在地球同步轨道上部署星上云计算网络的试验，正在探究高、中、低多种轨道类型的异构网络云计算部署方案及性能研究。通过充分利用现有的在轨卫星计算能力，部署动态化的云计算网络，极大提升美军数据处理和交互能力，为作战行动提供精准的信息支援。

（二）空间预测分析

当前，美军在轨卫星的种类繁多，且卫星的管理单位相对分散，不利于战时对时效性要求极高场景下的数据分析和处理。因此，通过在轨卫星网络的空间预测和分析，能够将多种不同类型卫星提供的数据进行协同分布式处理和在轨分析，帮助战场指挥官快速了解目标区域的频谱环境、温

度、洋流等综合态势信息，同时利用空间计算能力进行大数据预测推演，能够更加精确地评估作战行动的效果以及可能的干扰因素，降低不同部门之间信息交互的延迟，提高作战行动的成功率。

（三）空间信息协同

传统的卫星网络中，卫星主要承担了数据提供者的角色，向地面终端提供通信、侦查、测绘等服务。而复杂的战场电磁环境下，卫星数据被干扰、欺骗是常态，导致用户端无法收到正确的信息，严重制约了卫星功能的发挥。通过空间信息协同，卫星将不仅仅能够向地面发送自身的数据，同时可以根据地面节点的反馈，动态地调整组网方式、数据发送方式等，提高复杂电磁环境下数据交互的成功率，提升战场生存能力。例如，在美军即将部署的第三代 GPS 中，卫星可以通过侦察卫星、地面终端反馈的战场电磁环境信息，动态调整军用导航数据的发送频点和加密方式，极大地提升定位精准度和作战行动成功率。

（四）特种定位技术

该技术主要通过终端间的信息交互和协同信息处理，已经获取精确定位的终端将可以向室内环境的终端提供辅助定位修正，辅以惯导、异构协同等技术，使得特殊环境下的终端得以获得精准定位。针对诸如水下、室内等特殊环境下的定位需求，空间计算技术将允许通过地面移动通信基站、水面浮标、无人机、可见光终端等进行辅助定位，修正遮挡环境下的定位数据，提升在巷战、室内等环境下的作战能力。

三、空间计算技术的未来展望

空间计算技术将极大地改变战场态势，引领未来空间信息系统的变革。

展望未来，空间计算技术在协同数据获取、分析和系统安全方面将得到进一步的发展，具体来说包含以下三点。

（一）协同数据获取

随着空间信息网络规模的进一步扩大，接入网络的终端类型更加多样化，带来新的机遇和挑战。例如，单兵信息终端、车辆、无人机、预警机等单元能够向卫星网络提供多元化的数据，极大地拓展空间信息网络的信息获取途径和类型，为空间信息网络做出更加精准的研判奠定基础。但是，更大的数据量将对星上处理能力提出严峻的考验。

（二）协同数据分析

随着空间信息网络的进一步发展，高、中、低不同轨位的卫星和数量巨大的用户终端将共同组网参与数据交互，网络架构将更加复杂，网络拓扑动态性更强，计算数据量更加庞大，巨大的数据交互量和处理量将为空间信息网络带来新的挑战。如何对这些数据进行动态的规划和处理，使得空间计算的效率进一步提升将成为后续的研究重点。

（三）空间计算安全

空间计算技术在带来网络态势变革的同时，也存在着较大的安全问题。虽然分布式的网络架构在生存性上具有极大的优势，但是面对网络攻击，空间计算系统获取的数据或者其计算能力有可能被敌国获取，造成极大的损失。因此，如何保证庞大的空间信息网络的安全性，是未来要讨论的核心问题。

（中国国防科技信息中心　高原）

国外微小卫星快速发展现状与问题

近年来，在航天技术的发展推动下，小型卫星的功能密度逐步提高，促进越来越多的航天应用向小卫星方向发展。尤其是质量 10 ~ 500 千克范围内的微小卫星①，以大规模组网为主要应用方向，呈现出迅即发展态势，其业务能力、敏捷机动能力、自主生存能力和在轨寿命都有较大提高，部署效率和应用广度、深度呈现出质的飞跃，极大地拓展了卫星应用的范围。但微小卫星的大批入轨也给当前的卫星活动运行和管理带来一些问题。国外对这些问题已经采取了一定解决措施，相关的经验与教训值得关注。

一、微小卫星快速发展现状

（一）功能密度大幅提升，业务化应用加快突破

微小卫星具备研制成本低、生产周期短的优点，特别适用于构建低轨

---

① 概念定义源自英国萨利卫星技术公司（SSTL）提出的卫星类型划分标准。

大规模星座和实现快速响应任务，在覆盖范围、时间重访能力、通信延迟上极具优势，目前已经从传统的技术试验载体角色拓展到遥感气象、通信广播等业务化应用。

在遥感领域，可实施连续观测的大规模微小卫星星座已经进入到部署阶段，越来越多新兴商业公司提出遥感星座计划。意在提供新型观测能力的大规模遥感星座将成为未来重要发展方向。例如，美国行星实验室公司2010年提出发展基于微小卫星的世界首个超大规模遥感星座"鸽群"，实行"永远开机"观测模式，提供近实时的地球观测能力，目前已完成初步部署，共有81颗卫星在轨，分辨率达到3～5米，每24小时就能完成一次全球拍摄。天空盒子成像公司（现更名为"泰若贝拉公司"）2013年提出基于100千克左右的"天空卫星"构建拥有24星星座"天空星座"计划，实现对全球进行高密度的重访观测，目前已经成功发射5颗新型卫星，图像模式的全色分辨率为0.9米，多光谱分辨率为2米，成像幅宽为8千米；视频模式可提供30帧/秒的全色视频，分辨率为1.1米。单次拍摄时间能够持续90秒，输出H.264编码格式的1080P高清视频。

在通信领域，构建低轨大规模通信星座计划频出，提供互联网接入服务成为应用热点。自2014年起，全球范围内已提出至少有9个微小卫星通信星座项目。SpaceX公司和一网公司在2015年各自都提出建造由数百颗低轨道微小卫星构成大型通信星座，提供全球范围内的高速互联网接入服务，大力推动天基互联网星座的发展。

（二）部署规模激增，发射数量占比逐渐扩大

微小卫星的发射应用活动日趋活跃，特别是在最近5年发射数量迅速攀升，如图1所示。

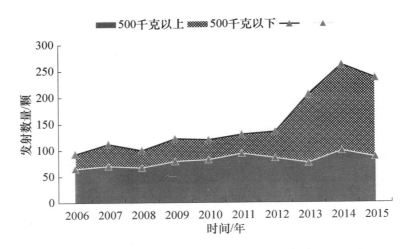

图 1　近 10 年来卫星发射活动统计

　　微小卫星发射数量在 2013—2015 年间分别达到 131 颗、161 颗、149 颗，均占到当年卫星发射总数的一半以上。2015 年，由于缺乏发射机会，多个微小卫星发射任务延期，但其发射总数仍然保持在 150 颗左右。由此来看，微小卫星在航天开发活动中占据的比例逐渐扩大，已经成为重要的航天发展与应用领域。

　　根据当前在轨卫星数据统计情况分析，截至 2016 年 8 月，全球在轨部署质量小于 500 千克以下微小卫星共 386 颗，如表 1 所列，其中军用卫星 58 颗，军民/军商两用卫星 4 颗，民商用卫星 324 颗。由此来看，当前微小卫星发展仍主要以民商用为主。在应用类型中，通信、侦察/遥感和技术演示分别是微小卫星的三个主要应用方向。从具体的应用情况来看，军用微小卫星中，通信应用占比约 48%，是最为主要的应用领域，侦察微小卫星的应用力度还较低，这与民商用微小卫星中以遥感为主要应用方向有所区别。

表1　500千克以下微小卫星在轨部署应用情况（截至2016年8月）

	在轨应用					总数
	通信	侦察/遥感	空间监视	空间科学	技术演示	
军用	28	12	1	1	16	58
军民/军商用	—	3	—	—	1	4
民商用	102	108	1	28	85	324
总计	130	123	2	29	102	386
占比	33.68%	31.87%	0.52%	7.51%	26.42%	100%

注：数据源自忧思科学家联盟（UCS）网站

（三）种类多样化发展，创新概念不断涌现

微小卫星近年来获得快速发展，推动其内涵和种类不断丰富。微电子、微机械等集成化技术的发展突破，标准化、模块化等卫星设计理念的涌现，促进各类星上电子器件功能集中度更高，卫星尺寸和质量更进一步小型化，进而拓展了微小卫星内涵，促进了更多创新的卫星设计概念出现，如表2所列。

表2　近年来出现的创新微小卫星设计概念

概念	质量/千克	典型任务	开展时间	研制单位	应用	研究现状
手机卫星	1～10	"手机卫星"	2009年	NASA 英国萨里大学	民用	已完成在轨演示
芯片卫星	小于0.1	"精灵"	2011年	美国康奈尔大学	民用	完成地面研制，即将进行在轨演示
立方体卫星	1～10	"立方星发射倡议""QB50"	2010年	NASA、ESA、多家高校、企业公司	民用	已实现在轨应用
分离模块式卫星	100～500	"F6"	2007年	DARPA	军用	终止
细胞星	小于10	"凤凰"	2011年	DARPA	军用	即将进行低轨演示

在内涵上，微小卫星不再仅限于质量和尺寸上的"微小"，而是发展出具有特定标准或特定类型的新概念航天器，如立方体卫星和手机卫星等。立方体卫星是美国加州理工大学和斯坦福大学于1999年联合提出的一种微小卫星标准规范，其概念定义为：采用边长为10厘米的立方体构型（即1个单元，或者1U），质量不超过1.33千克的纳卫星。立方体卫星采用标准化、模块化的结构和接口设计，具备即插即用功能，可以根据任务和载荷需求自由地沿横纵轴像"搭积木"一样进行扩展，形成结构和功能更为复杂的2U、3U，甚至1.5U、6U、12U构型的纳卫星和微卫星。手机卫星概念是近年来基于立方体卫星技术和智能手机相结合提出的创新概念，将智能手机作为空间飞行器的有效载荷，从而采用商业成熟技术，大幅降低卫星成本。

在卫星结构上，国外也提出了基于微小卫星的创新设计。最为典型的是DARPA在2007年启动的分离模块式卫星项目，将一个航天器的任务载荷、能源、通信等功能单元优化分解为多个系统模块，用多个独立的微小卫星分别实现每个模块功能，采用物理分离、星群自由飞行、无线信息交换和无线能量交换方式，功能协同、资源共享，构成一颗虚拟大卫星来完成特定的任务。此外，还有细胞星、芯片卫星等创新结构的新型微小卫星概念。

（四）全轨道类型部署，实现空间立体分布

微小卫星在发展初期，主要部署于低地球轨道。然而在近年来的发展中，微小卫星的应用轨道逐渐提高，展现出全轨道类型应用的特点。目前，国外特别是美国正逐步发展高轨道空间攻防能力，重点关注高轨高价值目标在轨巡视与保护技术。微小卫星由于质量尺寸小，难以被探测，具有隐蔽性好、潜伏期长、攻击能力强、攻防范围广、使用灵活、技术可实现性强等优点，在高轨道空间攻防领域和中轨道导航应用领域的应用效果凸显。美国空军研究实验室已与英国萨里公司签订合同，探索论证微小卫星在提高 GPS 系统弹性、信号增强服务方面的潜力，将小卫星军事应用扩展至中轨道。美国 DARPA 还提出"凤凰"（Phoenix）计划以及部署了"局部空间自主导航制导试验"（ANGELS）卫星项目，意图在轨演示微小卫星在高轨道空间预警、空间对抗方面的应用潜力。

二、微小卫星发展特点分析

（一）大量采用商业现货器件和商业成熟技术

微小卫星的发展理念是低成本、高灵活以及快速响应。支持该理念的一个重要手段就是采用商业现货（COTS）器件和商业成熟技术，这在近年来微小卫星的快速发展中体现地尤为明显。"天空卫星"在卫星研制和技术开发过程中，采用了大量的 COTS 器件和商业成熟技术，如采购高性能商业集成芯片作为星上计算机处理器，星上存储使用的是手机上常见的高密度闪存，直接采用在汽车工业中广泛运用的电力电子和 CAN 总线技术等。

（二）批量制造、存储、运输和发射微小卫星

现代化微小卫星的设计方法在发展过程经历了数个阶段的演化，从早期基于"平台—载荷"思路，设计多任务公用化卫星平台配合不同的有效载荷来完成任务，到后来的"以有效载荷为中心"，根据成本设计方法，发展一体化多功能结构，发展至今已演变为基于"标准化、模块化"设计理念，批量化制造、存储、运输和发射微小卫星的研制应用模式。例如，"鸽群"卫星基于模块化构型设计，并且专门采用了易于进行更新和部件替换的设计方法，缩减了卫星制造周期和程序流程，使得其更易于批量化生产；

充分利用一箭多星和国际空间站弹射的卫星部署方式，分多次且每次多达十几颗地大批量部署卫星，因此在短短 2 ～ 3 年时间内就已经实现数十颗卫星在轨。2014 年，行星实验室公司遭遇安塔瑞斯火箭爆炸事故，但仅在 9 天之后，该公司就重新制造并交付了 2 颗新的 Flock 卫星，这正是上述研制模式的典型应用案例。

三、面临的问题与采取对策

（一）空间交通逐渐拥挤，空间环境态势逐渐恶化

微小卫星大规模发展，可能导致空间环境逐渐拥挤，带来太空安全问题。微小卫星多以星座化、编队化为发展方向，增大了局部空间的飞行器密度，加大了微小卫星与其他空间物体发生碰撞的风险，并极有可能产生连锁碰撞，进一步导致空间碎片数量增加，加剧其他卫星的碰撞风险。

微小卫星由于受质量限制，轨道推进系统性能有限，主要用于满足任务中的轨道控制，通常没有离轨操作的能力，这导致微小卫星避让能力和离轨能力较差。微小卫星工作寿命又普遍较短，在大规模部署应用的态势下，一旦达到轨道工作寿命，则无法及时地实现轨道脱离，会有大量的失效微小卫星停留在工作轨道，从而引发微小卫星成为轨道碎片、影响太空交通安全的问题。微小卫星的尺寸较小，探测困难，也导致地面的空间物体运行状态监测系统面临"看不见、看不清"的问题，给碰撞预警带来极大难度。

（二）电磁频谱资源日渐稀缺，协调难度和竞争程度加剧

由于微小卫星可能带来的大量空间开发活动，空间轨道和频谱资源的竞争将进一步加剧。国际上，针对大卫星、小卫星以及微卫星的频谱资源

分配工作，主要由国际电信联盟（ITU）进行规范管理。大多数微小卫星的频谱，均属于 ITU 无线电规则的"业余卫星服务"频段。而这些频段在技术和管理方面，均有一定的限制。随着微小卫星开发活动的增多，本来就有限的频段资源已变得越来越拥挤，对频谱资源的争夺也变得更加激烈。特别是在互联网星座概念兴起之后，相关商业领域开发活动逐渐活跃，频谱资源的重要性也在不断攀升。

自 2014 年起，全球范围已提出至少 9 个微小卫星通信星座项目，大多已向国际电信联盟提出了频率使用申请，如表 3 所列。可以看到，用于低轨星座高速率通信的 Ka 频段和 Ku 频段已成为竞争热点，同时，由于相关频段也可能影响到静止轨道卫星服务，亟需国际电信联盟和各参与方在管理上加以协调。尽管可以采取相关技术措施进行规避，如一网（OneWeb）公司采用了一种功率升降技术，在低轨卫星经过赤道上空时调整卫星的功率通量密度，避免对静止轨道卫星的地面服务进行干扰，但是这些技术措施起到的作用十分有限，最终还是需要对使用频谱进行协调管理，相关工作难度极大。实际上频谱资源的限制已经影响到微小卫星发展。OneWeb 公司由于其前身 WorldVu 公司此前就已经拥有 Ku 频段的频率使用许可，因此相关星座计划进展较为迅速，卫星的研制也已经启动。而几乎是同一时间提出互联网星座计划的 SpaceX 公司，由于至今都未能获得 ITU 对其频谱使用的许可，其互联网计划发展缓慢，发展前景存在疑问。

表 3　向 ITU 提出频段申请的微小卫星星座项目

申报项目名称	申报国家	卫星数量/颗	申请频段	轨道
MCSat	法国	800~4000	Ku、Ka	LEO、MEO、HEO
CANPOL-2	加拿大	72	VHF、UHF、X、Ka	LEO、HEO
COMSTELLATION	加拿大	794	Ku、Ka	未知

（续）

申报项目名称	申报国家	卫星数量/颗	申请频段	轨道
3ECOM‐1	列支敦士登	264	Ku、Ka	未知
ASK‐1	挪威	10	Ku、Ka、X	HEO
STEAM‐1/2	挪威	4257	Ku、Ka	未知
L5（OneWeb）	英国	650	Ku、Ka	LEO

（三）低成本、大批量发射需求加大，运载工具成为发展短板

微小卫星以价格低廉、反应迅速为标志性特点，因此相关空间应用项目对于资金成本和时间成本非常敏感。然而，在当前国外主要运载火箭卫星发射成本居高不下的环境下，微小卫星往往难以独自承受高达数千万美元的发射费用，因而多采用作为次载荷、进行搭载发射的方式。这种发射方式受主要发射任务影响较大，并且发射机会较少，经常由于主任务的拖延导致发射等待时间过长，难以成为微小卫星发射部署的主要方式。而微小卫星当前的发展态势和未来多达数千颗卫星的部署应用任务，又对发射机会有着巨大的需求。在这样的态势下，低成本、快速发射运载工具的缺乏实际上已经成为当前微小卫星发展的巨大短板。

（四）系统运行体量激增，地面测控压力与成本与日俱增

微小卫星大批量发射和大规模星座化运行，带来了繁重的地面测控任务需求。从运行体量上看，此前国外从未有过像"鸽群"、一网公司等多达上百颗卫星这样大规模的在轨星座。因此，这些应用项目的提出和发展，对于现有的卫星地面运行测控管理模式造成了巨大的冲击。

微小卫星体积小、质量轻，构建大型星座时往往存在多个轨道面，每个轨道面都布置有多颗卫星。微小卫星多采用一箭多星发射方式，分离方式因轨道部署特点而极具多样性，对于星箭分离阶段多星、分配器或者支架的姿态测控提出了很高要求。多星早期测控管理事件相对集中，这些因素都导致发射段测控和早期轨道测控段技术难度增加。微小卫星大规模组网，在轨卫星数量、运行轨道类型急剧增加，测控覆盖难度很大，长期测控管理的地面站资源和人力资源需求也会不断增长，带来巨大的运营成本。

四、结束语

必须看到，微小卫星的发展已经展现出蓬勃的发展态势。国外参与微小卫星活动的国家以及商业团体越来越多，对于微小卫星的兴趣也在不断增大。而微小卫星集群化应用特点、部分初创商业公司提出的创新应用模式以及众多基于微小卫星的新型技术概念，都为国外航天领域提供了新的卫星应用能力。这些新型能力和微小卫星本身的优势在促进国外军事卫星体系转型，提高军事作战效能方面发挥了重要作用，推动国外"轨道革命"浪潮。而微小卫星的快速发展，也引发了一系列的问题。这些问题也是我国在发展微小卫星过程中必将会面临的挑战，值得我们高度关注和思考。

（中国航天系统科学与工程研究院　王聪）

国外 MEMS 微推进器技术发展分析

微机电系统（MEMS）微推进器指基于 MEMS 技术实现的推进器，具有成本低、体积小、质量轻、集成度高、稳定性好、设计和制造周期短等优点。在 NASA "改变游戏规则发展计划" 的推动下，2013 年，美国麻省理工学院研制出离子电喷射推进器（iEPS）模块。2015 年 7 月，美国麻省理工学院在原有离子电喷推进器基础上进行了升级，研制出 "可扩展离子电喷推进系统"，可组合多个基本模块，未来将应用于立方星的微推进系统。

一、MEMS 微推进器满足了微小卫星对推进系统提出的微推力、微冲量和低电压等迫切需求

随着微小卫星技术的发展和应用领域的不断扩大，对微推进系统提出了越来越迫切的需求。由于微/纳/皮卫星（质量一般在 100 千克以下）具有体积小、质量轻、转动惯量小等特点，为精确实现其轨道调整、引力补偿、位置保持、轨道机动和姿态控制等操作，必须开发出满足高精度、小体积、轻质量、微推力（0.1 微牛~100 毫牛）、微冲量（0.1 微牛·秒~

100 毫牛·秒）和低电压（3～12 伏）等要求的微推进器。以 MEMS 技术为基础的微推进器，既可有效满足上述性能要求，又能显著降低量产成本，成为各航天大国研究的热点。

二、典型 MEMS 微推进器及其研究进展

MEMS 微推进器按初始能源形式主要分为冷气推进、化学推进和电推进三大类。冷气推进式微推进器按工质形式可分为压缩气体（如氮气）冷气推进器和液化气（如丁烷、丙烷等）冷气推进器两大类。化学推进式微推进器根据推进剂的物理状态又分为固体化学微推进器和液体化学微推进器。电推进式微推进器根据工作原理的不同主要分为：电热式微推进器、电磁式微推进器（主要有微型脉冲等离子推进器）和静电式微推进器（主要有胶体推进器和场效应离子推进器）。

（一）MEMS 冷气微推进器是微纳卫星上最常用和最成熟的推进方式

MEMS 冷气微推进器是目前微纳卫星上最常用、技术最成熟的推进方式，已在英国萨里大学研制的多颗微卫星上成功应用。MEMS 冷气微推进系统靠推进剂储箱中工质自身的压强产生推力（微牛级至牛级），推进过程没有化学反应发生，而且功耗极小，是比较容易实现的微推进方案，也是目前微卫星应用较多的微推进方式。冷气推进缺点是比冲较低，一般在 60～110 秒，只能用于姿态控制和小速度增量任务。

（二）MEMS 化学微推进器是最早开始研究的 MEMS 微推进器之一

MEMS 化学微推进器是利用燃烧室内推进剂的燃烧或加热分解产生高温高压气体，经喷管高速喷出产生推力的一种推进方式，推进剂的工作过程是化学反应释放化学能的过程。化学微推进器是利用精密加工技术和微加

工技术对传统推进器结构的微型化。

早在20世纪90年代，美国多家研究机构就已开展了最早的MEMS固体化学微推进器的研发。1997年，美国汤普森·拉莫·伍尔德里奇公司（TRW）公司研制的三明治结构固体化学微推进器已成为固体化学微推进器的标准结构，如图1所示。

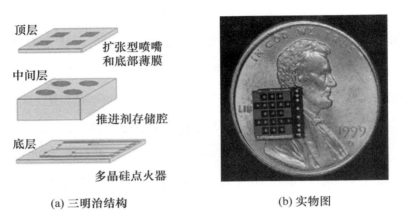

(a) 三明治结构　　　　　　(b) 实物图

图1　美国 TRW 公司的固态化学微推进器

顶部喷管层和底部点火电路层均选用硅片，中间部分的燃烧室层选用光敏玻璃。该推进器推进单元的脉冲冲量为 10^{-4} 牛·秒，点火功率100瓦。

（三）MEMS 电推进式微推进器是比冲较高的微推进器

MEMS 电推进式微推进器是利用电能加热或电离推进剂加速喷射而产生推力的一种推进方式，具有比冲高的显著优势，某些 MEMS 电推进式微推进器还具有元冲量小（场发射电推进元冲量可达 5×10^{-9} 牛·秒）、比冲可调节和结构紧凑可封装成芯片等优势。多种 MEMS 电推进式微推进器已实现天基应用。

2013年，美国麻省理工学院研制出离子电喷射推进器模块，如图2所示。该微推进系统通过强电场作用，提取和加速位于推进剂（零蒸汽压的离子液体）与真空界面间的重分子离子来实现推进，可提供 2000 ～ 3500 秒的比冲调节范围和带有特殊脉冲的推力，体积仅为 1U 立方星①的 10% ~ 30%，150 克的推进剂将可使 1U 立方星从低地球轨道达到地球逃逸速度。在该结构中，推进剂无需加压，最终通过毛细管流出，无需阀门、管道、泵和加压步骤，设计紧凑，可满足立方星的设计要求。

离子电喷射推进器模块结构示意图如图 2（a）所示。美国麻省理学院采用 MEMS 技术实现了最大化集成，突破了硅与包含离子发射结构的微制造多孔金属衬底的集成的工艺难点。多孔金属中离子发射结构的电镜扫描图如图 2（b）所示，实物如图 2（c）所示。麻省理工学院的目标是为不同

(a) 结构图　　　　　　　(b) 多孔衬底

(c) 实物图　　　(d) 装有4个离子电喷射
　　　　　　推进器模块的立方星

图 2　离子电喷射推进器模块

---

①　斯坦福大学与加州理工大学联合提出立方星设计标准规范（CDS）：采用边长为 10 厘米的立方体构型（1 个单元，即 1U），质量不超过 1.33 千克的纳卫星。

立方星提供不同集成方式的离子电喷射推进器。如在 1U 立方星中集成 4 个推进模块，是提供基础控制和主要推力的基本配置，如图 2（d）所示。

总体来看，微冷气系统结构相对简单，工作可靠，是最成熟的小卫星推进系统，但冷气推进系统体积大、质量高，比冲比较小；MEMS 化学推进阵列，推力易调整，能够提供小而精确的冲量，不足是比冲不高，总冲有限。MEMS 胶体电推进器比冲较高，但存在工作电压高和羽流污染问题。MEMS 电热式电推进器无污染，原则上可使用多种推进剂，不足是比冲很低，存在泄漏问题。

三、MEMS 微推进器涉及微尺度下设计、加工等多种关键技术

MEMS 微推进器涉及的关键技术主要有以下几个方面。

（一）微尺度下 MEMS 微推进器工作机理区别于传统推进器

微尺度下微推进器的工作机理与传统推进器有很大不同。微尺度下 MEMS 微推进器工作机理的研究是进行 MEMS 微推进器优化设计的理论基础，具有重要意义。这方面涉及关键技术有微尺度燃烧技术，微尺度电离和加速技术，低功耗、小尺寸阀门技术等。

（二）微推进系统要根据任务需要对组件进行精确选型和设计

微推进技术种类较多，应针对微纳卫星的实际需求，选择合适的推进器。精确姿态控制任务需要推力小且精确可靠的推进器，如场发射推进器；快速轨道转移需要大推力的推进器，如化学推进器；大速度增量轨道转移任务需要高比冲、足够推力的推进器，如微型霍尔推进器。

（三）MEMS 微推进器需要加强对高深宽比微机械加工、激光加工等技术研究

目前常用的加工手段有深反应离子刻蚀、感应耦合离子刻蚀、硅硅键合、玻璃柯伐封接等，离实际应用需求还有一定的距离，尤其是工艺水平相对落后，需加大开展具有大深宽比三维立体微机械加工、光刻铸造成型技术和快速成型技术，同时开展重放电加工、激光加工、超声波加工等新型 MEMS 加工技术研究。

四、MEMS 微推进器已完成天基验证，应用领域广阔

国外已对多种 MEMS 微推进器进行了在轨验证，正在加紧研发性能更高的微推进器。随着微纳卫星的爆炸式发展，MEMS 微推进器未来应用前景极其广阔。

微纳卫星入轨。MEMS 微推进器可以作为微小卫星的主推进，在星箭分离或从母航天器分离后，实现自行入轨。

姿态控制。MEMS 微推进器满足卫星姿态控制时对微推力（1 微牛～100 毫牛）等参数要求，在该领域具有重要应用。MEMS 推进器已经在美国"绿宝石"星座中的纳型卫星轨道保持任务中进行了试验。

星座编队。MEMS 微推进器满足星座编队飞行控制时对微冲量、微推力（10 微牛～100 毫牛）等参数要求，在此领域具有重要应用。MEMS 微推进器已经在美国"21 世纪技术卫星"（TechSat21）计划微纳卫星编队飞行任务中进行了试验。

五、结束语

尽管微推进器有着巨大的应用前景和强烈的需求，并已在部分航天器上进行了试验，但总体上仍处于研发阶段，技术还不成熟，需要进一步研究和试验。未来，MEMS 微推进器将继续通过加强在微机电系统制造技术、燃料物理性能、测试等技术的研究上获得快速发展。

（中国航天系统科学与工程研究院　姚保寅）

国外光学合成孔径成像系统技术发展分析

当前，天基光学成像系统大多采用单一孔径的反射/折射系统，尽管已可实现亚米级分辨率成像，但主要部署在低地轨道，难以应用于地球静止轨道等高轨道，而且存在光学成像系统体积和质量大、研制周期长、加工工艺复杂等不足。国外近年正在加大力度探索新型光学成像系统，并取得较突出的成果。洛克希德·马丁公司在 2016 年初表示，其正在与加州大学戴维斯分校联合研制一种基于干涉成像原理的光学合成孔径成像系统，利用大规模的微缩望远镜阵列替代传统的光学系统，并且有望上百倍地降低尺寸和质量。鉴于此，结合光学合成孔径成像系统在国外地基天文观测领域的应用，简要介绍其主要特点以及在天基观测应用领域的发展和研究情况。

一、光学合成孔径成像系统的概念

（一）成像特点

光学合成孔径成像系统利用精确排列的多个小口径光学系统，使通过各子孔径的光束在成像传感器上实现干涉成像。与传统单一孔径光学系统相比，光学合成孔径成像利用多个子孔径的干涉成像，替代了单一孔径成像系统的反射/折射等几何光学成像，其子孔径之间的距离（基线）越长，系统的分辨率越高，因此不仅能够实现与通光口径相当的大口径光学系统分辨率，而且可有效避免大口径光学系统的加工难度。

（二）两种类型成像系统

光学合成孔径成像系统按成像方式可分为两种类型，包括长基线的迈克尔逊成像系统和紧凑型的斐索成像系统，如表1所列。这两种成像系统在20世纪80年代至90年代均已成功应用在地基望远镜。

表1　迈克尔逊/斐索合成孔径成像系统特性对比

迈克尔逊型合成孔径成像系统	斐索型合成孔径成像系统
成像周期长	直接目标成像
测量频谱信息，须经逆傅里叶变换	通过图像恢复算法得到清晰目标像
视场角小	视场角大
分辨率取决于基线长度	分辨率取决于孔径大小及基线长度
适用于对静止目标成像，如天文观测	可对运动目标瞬时成像

1. 迈克尔逊合成孔径成像系统

迈克尔逊型干涉成像也称为"光瞳面干涉"，来自不同子孔径的光束经过分光镜在焦平面上发生干涉并形成干涉条纹，从中测量出的目标相干信息如振幅和相位等，经逆傅里叶变换后可得到相应的光强信息，如图1所示。一个基线（或者一对望远镜）对应一个相干信息，因此需要多个基线才能够形成目标图像。

通过数十米或者数百米的干涉基线，迈克尔逊型合成孔径望远镜可具备非常高的分辨率，但需要较长的成像周期，以及获取不同基线方向的相干信息，因此适合观测位置稳定、对分辨率要求特别高的目标，如天文观测可借助地球自转实现不同基线方向。

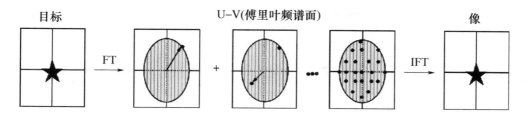

图1 迈克尔逊型合成孔径望远镜的成像过程

从 20 世纪 90 年代中期开始，迈克尔逊型合成孔径望远镜已广泛应用在地基天文观测。英国"剑桥光学孔径合成望远镜"（COAST）在 1996 年获得了首张干涉成像，促使美国、欧洲、澳大利亚等建造一大批地基合成孔径望远镜。如图 2 所示，美国"高角分辨率天文望远镜"（CHARA）由 6 个 1 米口径望远镜组成一个 300 米口径的望远镜阵列，分辨率达 $2 \times 10^{-7}''$，相当于"从大约 16000 千米外能够看清一个 5 美分硬币"，但成像过程长达数小时。欧洲"甚大望远镜阵列"（VLT）由 4 个口径为 8.2 米的主望远镜和 4 个口径为 1.8 米的可移动望远镜组成，既能够独立工作，也可形成一个基线长为 200 米的干涉阵列，角分辨率为 0.001″，达到单个望远镜的 25 倍。

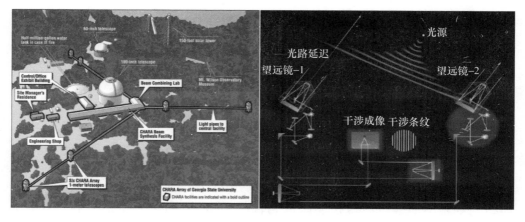

图2 美国佐治亚大学的高角分辨率天文望远镜

2. 斐索合成孔径成像系统

斐索型干涉成像也称为"像面干涉",来自不同子孔径的光束在同一像面汇聚,形成目标的模糊像,须经过图像恢复运算才能得到清晰的目标图像。斐索型合成孔径望远镜可分为两种结构,包括共次镜结构和多望远镜结构,如图3所示。前者的子孔径采用独立反射镜,并且共用一个次镜,有效地减少了系统的中心遮拦;后者的子孔径为独立的望远镜,经过子望远镜的光线通过光束合成器成像。与迈克尔逊型干涉成像不同,斐索型干涉成像的所有光束都直接汇聚到焦平面,可以瞬时成像,且系统视场较大,适合对目标进行直接成像。

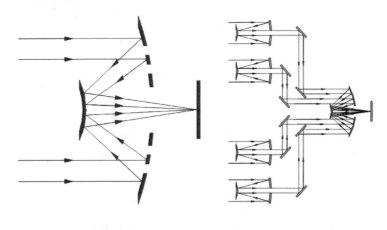

(a) 共次镜结构　　　　　　　　(b) 多望远镜结构

图3　斐索型合成孔径望远镜的两种不同构型

斐索型合成孔径望远镜的应用时间较早,美国在1978年已在亚利桑那州建造了"多镜望远镜"(MMT),由6个口径为1.8米的子孔径组成,等效孔径为4.45米,目前已替换为一个口径为6.5米的单孔径望远镜。目前典型的斐索型地基望远镜是美国联合澳大利亚、巴西、韩国、智利等共同研制的"大麦哲伦望远镜"(GMT),预计在2025年完成,如图4(右)所示。该望远镜的主镜为 7 个口径为 8.4 米的子镜组成，等效口径为 22 米，共用次镜也由 7 个子镜组成，口径为 1.1 米，并与主镜子镜相互对应。

图 4　"多镜望远镜"（左）和"大麦哲伦望远镜"（右）

二、迈克尔逊合成孔径成像系统的天基应用研究

迈克尔逊合成孔径望远镜尽管成像分辨率高，但所需时间较长，因此较为偏重天文观测，如美国国家航空航天局（NASA）在 20 世纪末提出的"空间干涉仪任务"（SIM）、"类地行星探寻干涉仪"（TPF－I）等项目。近两年来，利用大规模微缩望远镜阵列的光学合成孔径成像技术取得重大突破，有望首先实现天基应用。

（一）美国天基干涉测量探测器

NASA 在 20 世纪末相继启动"空间干涉仪任务""类地行星探寻干涉仪"项目，计划部署天基干涉测量探测器，但两个项目均由于多次推迟，已在 2011 年终止。

"空间干涉仪任务"探测器的光学系统主要包括 3 部分，即科学测量干涉仪、"指导者"－1（Guide－1）导航干涉仪、"指导者"－2（Guide－

2）高精度星敏感器，如图5所示。其中的科学测量干涉仪由2个口径为50厘米的子孔径组成，测量基线长为6米，具备大视场和小视场两种工作模式。在大视场模式下，干涉仪的视场为15°，天体测量精度达到 $4 \times 10^{-6}''$；在小视场模式下，干涉仪视场为2°，天体测量精度达到 $1 \times 10^{-6}''$。导航干涉仪也由2个子孔径组成，其口径为30厘米，测量基线长为4.2米，用来补偿指向误差。

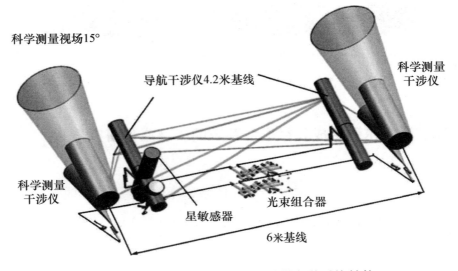

图5　"空间干涉仪任务"探测器光学系统结构

"类地行星探寻干涉仪"项目由 NASA 在 2000 年"十年调查"任务提出，利用4个口径为3.5米的望远镜（采用编队飞行）形成大型的干涉望远镜阵列，用于探测太阳系的外类地行星。

（二）美国"蜘蛛"微缩干涉光学成像系统

"蜘蛛"（SPIDER，即分块式平面光电成像探测器）微缩干涉光学成像系统由美国洛克希德·马丁公司、加州大学戴维斯分校联合研制。该系统利用大规模微型望远镜组成的微缩阵列进行干涉成像，取代了传统光学成像系统的望远镜和焦平面阵列，有望上百倍降低传统光学成像系统的尺寸和重量。

"蜘蛛"系统通过增加用于采集光线的干涉仪数量，可将干涉阵列成像所需时间大幅降低到数百毫秒。该系统由微型望远镜阵列、光子集成电路（PIC）以及相应的支撑结构组成，如图6所示。其中，微型望远镜阵列由518个直径小于5毫米的干涉仪组成，分成37组，每组包括14个微型干涉仪，呈辐射状排列。光子集成电路是"蜘蛛"系统的核心器件，类似于标准集成电路，通过微机电加工技术在半导体材料上用激光蚀刻出光子通道（即波导），用于测量经不同干涉仪汇聚的光线的振幅和相位信息，所形成的"干涉条纹"经傅里叶变换重构后，最终得到一幅可视图像。

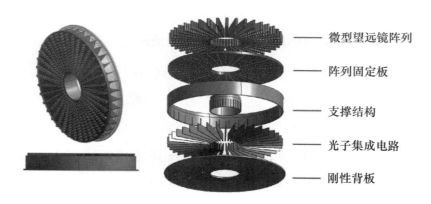

图6 基于大规模微型望远镜阵列的"蜘蛛"成像仪

美国国防高级研究计划局在其"看我"（SeeMe）项目下，资助研制了第一代光子集成电路，但仅有16条波导，如图7所示。目前，在"蜘蛛变焦"（SPIDER Zoom）项目下研制的第二代光子集成电路已达到技术成熟度3级，实现了技术概念的试验演示，有望在5～10年内达到实用化程度。不过，现有制造工艺水平难以满足"蜘蛛"系统实现高分辨率成像所必需的光子集成电路的制造需求。

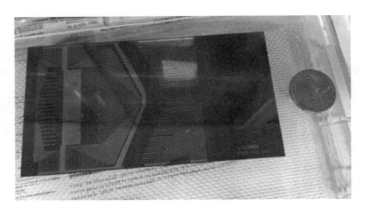

图 7 第一代光子集成电路

与传统系统相比，"蜘蛛"系统有两个显著优点：一是可大幅降低光学成像系统的尺寸、质量和功耗；二是可实现快速建造。"蜘蛛"系统的尺寸和重量仅为传统光学成像系统的1%，且具备较高的成像水平。图8比较了相同0.5米口径传统光学系统和"蜘蛛"系统对距离250千米卫星的成像性能仿真结果，表明"蜘蛛"系统成像虽然存在伪影现象，但已可达到未经处理的传统光学系统水平。加州大学戴维斯分校的研究人员研究了将"蜘蛛"系统用于美国国家航空航天局（NASA）"木卫二"飞越探测器的可行性。研究显示，口径为40毫米的"蜘蛛"成像系统在100千米高度可具备1.5米分辨率，而现有相同口径的深空探测相机的分辨率仅为25米。如果"蜘蛛"系统增大尺寸，与深空探测相机质量相同，"蜘蛛"系统的成像面积可提高10倍，分辨率能提高17倍。

"蜘蛛"系统的光子集成电路可在一周时间内完成制造，并可同时进行集成和试验。传统的光学望远镜制造周期为2～3年，部分原因是大口径镜片必须经过精细的打磨、抛光等工艺，且在装配过程中还需进行精确校正

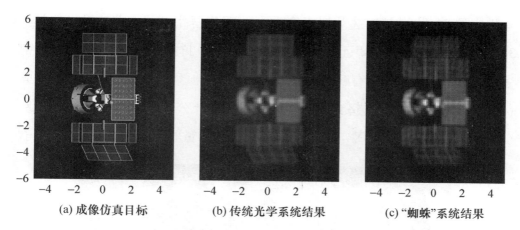

(a) 成像仿真目标　　　(b) 传统光学系统结果　　　(c) "蜘蛛"系统结果

图8　传统光学成像系统与"蜘蛛"系统的成像仿真对比

和试验。例如,"哈勃"望远镜在发射后,由于2.4米口径的主镜片边缘存在2微米误差,导致无法拍摄出清晰图像,被迫进行修复作业。目前仍在建造的"詹姆斯·韦伯"望远镜采用口径为6.5米的分块展开式主镜片,也必须进行极精确的控制,才能使分块子镜焦点重合。此外,"蜘蛛"系统还具有结构可重构的特点,可定制用户或者任务所需尺寸、形状的微型干涉仪阵列。

三、斐索型合成孔径成像系统的天基应用研究

斐索型合成孔径望远镜具备可直接对目标成像的特点,因此美国从20世纪90年代末就开展多望远镜结构、共次镜结构的天基应用研究,欧洲也在2010年完成共次镜结构的方案设计。尽管已进行长期研究,基于斐索型合成孔径望远镜提出的多个方案设计均未开展工程研制。

(一)美国"高利"-3、"高利"-6合成孔径成像系统项目

美国最早开展斐索型合成孔径望远镜的天基应用研究,并在20世纪90

年代末到 21 世纪初相继开展多个项目，探索基于"高利"－3（Golay－3）、"高利"－6 的多望远镜结构和共次镜结构可行性，如图 9 所示。其中，多望远镜结构研究项目有麻省理工学院"自适应侦察'高利'－3 光学卫星"（ARGOS）项目，共次镜结构研究项目有波音公司"低成本空间成像"（LCSI）项目，以及美国空军"超轻型成像技术试验"（UltraLITE）项目。

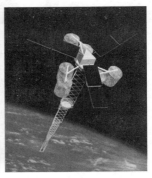

图 9　美国"高利"－3、"高利"－6 合成孔径望远镜方案

　　ARGOS 项目用于验证天基光学系统模块结构的可行性，完成了地面样机的设计和集成，以及对国际空间站、月球等快速运动目标的成像试验。该样机采用"高利"－3 构型，由 3 个呈等边三角形排列的孔径模块组成，每个孔径模块包括 1 个望远镜及其下方的快速调节镜片、反作用飞轮装置等。每个望远镜的口径均为 0.21 米，其等效孔径为 0.62 米，角分辨率可达到 0.35″，视场角为 3′×3′。入射到每个望远镜的光线将会汇聚成直径 21 毫米的光束，经调节镜片反射到共用的锥反射镜上。锥反射镜将 3 个子孔径的光线 45° 折转到光束合成器中，再经过由 4 片透镜组成的折射系统聚焦在成像传感器上。为了补偿装配过程中的可能误差，调节镜片的光线调整角度范围达到 7°。该项目的初步评估报告显示，经锥反射镜进行的光束合成是斐索结构合成孔径望远镜的最大难题。

LCSI、UltraLITE 项目均采用了"高利"－6 构型，具有 6 个子孔径。但与 ARGOS 项目不同，其合成孔径望远镜为共次镜结构，6 个口径为 1.5 米的子孔径在入轨后展开，可将光线反射到共有的次镜上。其中，次镜固定在可伸缩的支撑结构上。

（二）欧洲"地球静止轨道 1 米分辨率"设计方案

欧洲也提出了基于斐索型合成孔径望远镜的研究方案。泰勒斯·阿莱尼亚航天公司在欧洲航天局（ESA）"通用研究项目"支持下，在 2010 年完成"地球静止轨道 1 米分辨率"项目研究。该项目的主要研究目的是研究光学合成孔径成像技术用于地球静止轨道对地观测任务的可行性以及提出相关技术的发展途径。

"地球静止轨道 1 米分辨率"项目采用了共次镜的斐索型合成孔径望远镜，如图 10 所示。其主镜由 6 个口径为 2 米的子镜组成，均匀分布在一个直径 5 米的圆周上，形成了一个口径为 7 米的合成孔径。子镜计划采用面密度为 20 千克/米² 的微晶玻璃或者碳化硅材料。图 10（b）所示的成像载荷质量达到 2240 千克，功率为 600 瓦，而整星的发射质量可达到 8662 千克，功率为 2650 瓦。

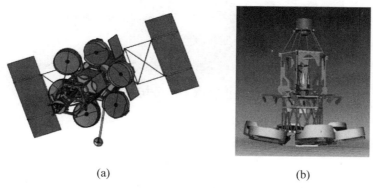

(a)   (b)

图 10　欧洲"地球静止轨道 1 米分辨率"方案

在此设计下，"地球静止轨道 1 米分辨率"卫星的成像品质因数①可达到 4，其在天底点的空间分辨率达到 2 米，对于欧洲中部地区的空间分辨率约为 4 米。如果将天底点空间分辨率进一步提高到 1 米，卫星的光学孔径应达到 13～25 米。

欧洲航天局（ESA）计划利用"地球静止轨道 1 米分辨率"卫星实现两类任务。一是日常的普查任务，该卫星的成像视场为 0.1°，每天可获取 1500 张图像，实现对欧洲及地中海区域的每日覆盖成像（图 11），这要求卫星在相邻成像区域之间的指向机动时间不能超过 18 秒。设计方案显示，根据采用不同的卫星姿态执行机构，实际的指向机动时间为 13～20 秒。二是紧急告警任务，要求卫星在 5 分钟内实现欧洲范围（6°）的指向机动，响应对于特定区域的按需观测要求，而实际时间约为 2 分钟。

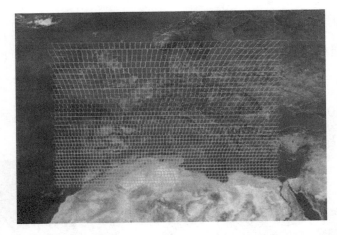

图 11　欧洲"地球静止轨道 1 米分辨率"项目的覆盖区域

---

①　品质因数：光学成像系统调制传递函数（MTF）与信噪比（SNR）的乘积，表征卫星图像的品质。法国"昴宿星"军民两用光学卫星的成像品质因数可达到 7，高于"地球静止轨道 1 米分辨率"卫星。

总体上，"地球静止轨道 1 米分辨率"卫星的研究目前也仅限于设计方案和部分关键技术的选择，距离工程研制还存在一定距离。关键技术的整体技术成熟度约为 3~4 级，如充气式遮光结构、闭合相位技术、探测器技术等，且具备口径为 1.5 米轻质镜片的加工能力。

四、结束语

光学合成孔径成像技术的成熟地基应用，充分显示了其在高分辨率成像领域的巨大发展前景。受限于现有技术水平，国外在 20 世纪末到 21 世纪初开展的一系列天基应用研究尚未能够达到工程研制程度。美国"蜘蛛"微缩干涉成像系统近年取得了突破性发展，可能使光学合成孔径成像系统成为未来高分辨率成像卫星的一条重要发展途径。其既可用于高轨的大口径侦察卫星，也可用于目前正在创造"轨道革命"的微小卫星，形成高分辨率低轨卫星星座，为未来的军事行动提供广泛的侦察与监视、目标变化监测等战术支持。

（中国航天系统科学与工程研究院　陈建光）

欧洲激光通信技术率先进入实用阶段

2016年1月30日，欧洲成功发射"欧洲数据中继系统"（EDRS）的首个激光通信中继载荷EDRS – A，迈出了构建全球首个卫星激光通信业务化运行系统的重要一步。EDRS – A在6月成功传输了欧洲"哨兵" – 1A雷达卫星的图像。欧洲将在2017年中期发射该系统的第2颗卫星EDRS – C，并希望在2020年扩展成为全球覆盖系统，形成以激光数据中继卫星与载荷为骨干的天基信息网，实现卫星、空中平台观测数据的近实时传输，大幅提升欧洲危机响应与处理能力。

一、"欧洲数据中继系统"情况

EDRS由欧洲航天局2008年批准研制。该系统造价超过6亿欧元（约6.38亿美元），欧洲航天局在2011年确定以公私合营（PPP）模式进行采办。由欧洲航天局、空中客车防务与航天公司德国分公司联合投资，其中欧洲航天局负责系统研发，空中客车防务与航天公司作为项目主承包商，负责系统建造、发射和运营，德国宇航中心也提供部分资金用于开发和管理载荷与卫星控制中心。

（一）研制背景

21世纪以来，航空航天遥感平台数量激增，所获取图像质量越来越高，对大容量数据传输需求快速增长，以微波为媒介的微波通信技术受带宽限制，难以大幅提高数据传输速率。欧洲、美国、日本、俄罗斯等国家或地区近年已开展大量星间和星地激光通信技术试验，低地轨道卫星之间的最大传输速率达到5.6吉比特/秒。欧洲从1991年开始研制卫星激光通信系统，2001年实现基于半导体激光器（波长810~850纳米）的星间激光通信试验，2007—2015年利用固体激光器开展多次星间和星地试验。欧洲发展卫星激光通信技术的主要时间节点如表1所列。

表1　欧洲发展卫星激光通信技术的主要时间节点

时间	说　明
2001年	发射"阿特米斯"卫星，与法国"斯波特"成像卫星试验高轨—低轨卫星激光星间链路，速率约50兆比特/秒
2008年	德、美两颗低轨卫星联合试验星间和星地激光链路，星间链路速率约5600兆比特/秒
2013年	利用"阿尔法"卫星搭载试验高轨—低轨卫星之间的激光星间链路，速率约1800兆比特/秒

（二）系统组成

EDRS实际上是欧洲的数据中继卫星系统，被誉为欧洲"空间数据高速公路"，采用激光和射频混合通信，即低轨道卫星与中继卫星之间的星间链路采用激光通信，而中继卫星与地面站之间的星地下行链路仍采用Ka频段射频通信，其最大数据传输速率均为1.8吉比特/秒，达到光纤系统的速率量级。EDRS类似于美国国家航空航天局的"跟踪与数据中继卫星"系统，但数据传输能力有大幅提升，如利用该系统可使低轨卫星每圈下行的数据量提高 13 倍①。EDRS 示意图如图 1 所示。

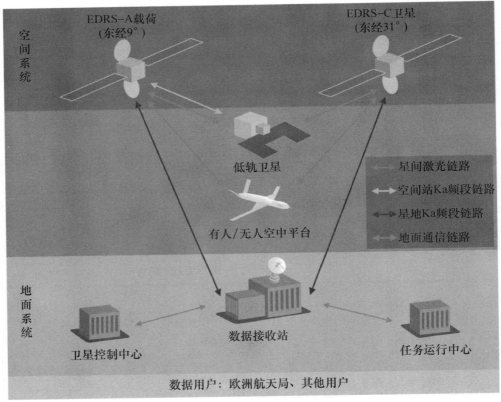

图 1　EDRS 示意图

EDRS 一期系统的空间段包括两个地球静止轨道节点，分别是 EDRS－A 载荷和 EDRS－C 卫星。EDRS－A 载荷搭载在"欧洲电信卫星"－9B 上，定点在东经 9°；计划 2017 年发射的 EDRS－C 卫星将定点在东经 31°。上述两颗卫星可覆盖欧洲、中东、非洲以及北美洲、拉丁美洲、亚洲的部分区域。2015 年，欧洲航天局启动"全球网"（GlobeNet）项目，计划 2020 年

①　一方面，低轨遥感卫星的星地通信普遍使用 X 频段射频通信链路，EDRS－A 载荷的最大传输数据传输速率与其相比提高了 2.5 倍；另一方面，EDRS－A 载荷与低轨遥感卫星的最大可视时间约为 45 分钟，是低轨遥感卫星与地面站可视时间的 4 倍。

开始部署两颗中继卫星，作为 EDRS 的拓展，实现数据中继服务全球覆盖，并提供系统备份能力。"全球网"项目首颗卫星将在 2020 年发射，使 EDRS 的覆盖范围扩大到亚太地区，并提供数据加密服务。

EDRS 的主任务运行中心位于德国奥托布伦，备份任务中心位于比利时雷都，均由空中客车防务与航天公司负责管理；载荷与卫星控制中心位于德国奥伯法芬霍芬，由德国宇航中心负责管理。此外，该系统还有 5 个数据接收站，分别位于比利时雷都、英国哈维尔、德国威尔海姆（2 个站点）、意大利马泰拉。

（三）技术特点

EDRS 采用激光和射频混合通信，中继卫星与低轨卫星之间增加激光通信，中继卫星与地面站之间采用 Ka 频段射频通信。与传统的星间射频通信相比，星间激光通信具有三个明显的技术优势：一是速率高。激光频率比射频频率高 3～5 个数量级，可大幅提高通信带宽，极大提升星间链路传输速率。EDRS 星间链路传输速率达到 1.8 吉比特/秒，远高于美国现有"跟踪与数据中继卫星"系统的 0.8 吉比特/秒。二是尺寸小。激光通信的波束窄，可降低通信终端的体积、质量以及收发电路的复杂度，且能耗较低。EDRS - A 载荷的激光通信终端质量仅 56 千克，天线口径 135 毫米，功耗 185 瓦，而射频通信载荷的功耗要达到千瓦级。三是安全性好。激光通信具有极好的方向性，基本不存在能量泄漏，使信号旁瓣侦收和破译手段对激光通信完全失效，同频干扰技术也很难发挥作用，极大提高了星间信息传输的安全性。

二、EDRS - A 载荷情况

EDRS - A 载荷搭载在"欧洲电信卫星"- 9B 卫星上，由俄罗斯"质子" – M 火箭从拜科努尔航天发射场发射升空。在轨期间，该载荷将连接"哥白尼"全球环境与安全监测卫星系统、无人/有人空中侦察平台以及国际空间站等，为大容量数据传输提供高速"通道"。与后续的 EDRS – C/D/E 卫星不同的是，EDRS – A 载荷配置有 1 套激光收发器和 1 套 Ka 频段射频收发器，能够提供星间激光传输链路和星间、星地射频传输链路。EDRS – A 载荷及搭载平台如图 2 所示。

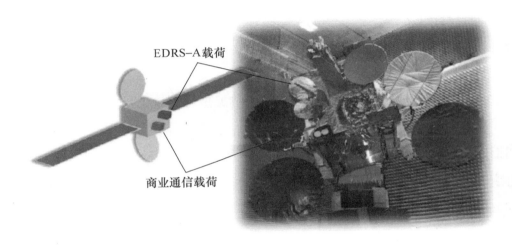

EDRS–A载荷

商业通信载荷

图 2   EDRS – A 载荷及搭载平台

（一）EDRS – A 载荷激光传输链路

EDRS – A 载荷激光星间链路用于星间高速数据中继，能够连接高度 600 ~ 800 千米的低轨卫星与地球静止轨道卫星，最大作用距离为 4.5×10^4 千米，实现 1.8 吉比特/秒的数据传输速率。该链路的整个捕获、对准和建立连接过程可在 55 秒内完成，并能够在 7.8 千米/秒的相对速度下保持连接，跟踪精度约为 2 微弧。为实现星间的高速激光链路，EDRS – A 载荷采用波长 1064 纳米的 Nd：YAG 固体激光器，其具有波长稳定好、发射功率大等特点，并利用相干零差检测方式提高了探测灵敏度。

目前，EDRS－A 载荷已经测试了在欧洲"哥白尼"全球环境与安全监测系统在轨的"哨兵"－1A 雷达卫星、德国地面站之间的准实时/实时数据传输试验。2016 年 2 月，该载荷在 13 分钟内完成卫星采集巴西附近图像，下传至地面站，并处理生成一级产品的过程。2016 年 6 月，该载荷在 1 分钟内将卫星获取的非洲留尼汪岛及其近海图像传送至地面站。欧洲航天局后续将开展 EDRS－A 载荷与空中平台之间的激光通信试验，试验与空客 A310 多用途运输机、美国 MQ－9"死神"无人机的激光通信能力。

（二）EDRS－A 载荷射频传输链路

EDRS－A 载荷射频传输链路采用 Ka 频段，包括星间和星地两种通信模式。星间通信模式用于国际空间站欧洲舱的实时数据传输服务，数据传输速率约为 0.3 吉比特/秒。星地通信模式用于与地面站进行通信，数据传输速率可达 1.8 吉比特/秒，是目前低轨成像卫星星地通信普遍使用 X 频段数据传输速率的 3.5 倍。

三、影响分析

EDRS－A 载荷实现在轨服务，表明欧洲已率先实现星间高速激光通信技术的业务化应用，是近年来卫星通信技术发展的一个重要里程碑，进一步健全了欧洲的应用卫星体系，为欧洲使用空间力量独立开展防务提供了条件。

（一）带动卫星激光通信技术的快速应用

目前，美、俄、欧、日等已经开展 20 多项卫星激光通信技术在轨试验项目，涵盖星间、星地、深空等多种链路，测试了高、中、低等多种通信传输速率。欧洲此次率先实现激光通信技术应用，将突破日益紧张的频率和带宽限制，开启了超大容量、超高速率、高保密卫星通信的新模式，为构建天基信息互联网络提供新的技术途径。同时，这也将激励其他国家和企业加快研制、部署激光通信卫星系统，为卫星激光通信技术的快速应用奠定基础。

（二）促进空间信息系统的网络化建设

EDRS 建成后将成为欧洲空间信息传输的骨干，星间高速激光链路组网将提供强大的星间和星地组网能力，减少卫星、空中平台数据的大容量、远距离传输对地面系统的依赖性，为实现天地一体化的网络互联提供支撑。

（三）强化欧洲独立的空间力量建设

欧洲航天一体化发展的关键目标是，使欧洲的空间力量能够支持欧洲的独立防务。2011 年北约部队对利比亚实施军事打击的"奥德赛·黎明"行动表明，欧洲的军事行动仍需要美国提供强大的空间力量支持。此次 EDRS 的建设，将促进空天多源信息的融合，加快从指挥决策到打击评估的反应速度，为欧洲提升军事作战能力提供重要支撑。

（中国航天系统科学与工程研究院　陈建光）

国外空间原子钟技术发展研究

原子钟（也称为原子时间频率标准）是现代计量领域研究、发展的前沿和热点，对于国家安全、经济发展与科学技术的进步具有非常重要的保障与促进作用。作为最精确的计时工具，在过去的 50 年中，原子钟已经成为通信、导航、网络、航空航天和各种科学测量领域中最基本的计时与频率基准。

在航天领域，原子钟是卫星导航系统最重要的有效载荷，是卫星导航系统提供高精度定位、导航、授时服务的重要支撑，也是支撑未来空间信息网络、深空探索系统发展的重要支撑性关键技术。

一、概述

时间测距体制导航卫星系统的发展极大地推动与促进了空间原子钟技术的进步与发展。截至 2016 年 8 月，国外已经成功发射时间测距体制导航卫星约 225 颗，装备的空间原子钟数量超过 650 部，包括铷原子钟、铯原子钟和氢原子钟，绝大多数用于导航卫星系统。目前国外在轨导航卫星约 81

颗，装备原子钟约 257 部，其中铷原子钟约 136 部，铯原子钟约 93 部，氢原子钟 28 部，均为磁选态原子钟。从空间原子钟的性能角度看，美国、欧洲处于领先地位，其现役星载原子钟的稳定度已经达到了 10^{-14} 量级，且其体积、质量与功耗等指标也均领先于其他国家。

按照当前空间原子钟的使用与研发情况，按原子钟的能态选择方式与工作机理，空间原子钟可分为磁选态原子钟、光抽运（POP）原子钟、相干布居囚禁（CPT）原子钟、离子阱原子钟（光钟）和冷原子钟等。

（一）磁选态原子钟

通过不均匀的磁场进行原子的能态选择，进而利用相同能态的原子实现时间或频率精确测量的原子钟。这是目前技术最成熟、空间应用最广泛的原子钟，当前 GPS、"伽利略"和 GLONASS 使用的铷钟、铯钟和氢原子钟均属于这种类型。

（二）脉冲光抽运（POP）原子钟

利用光波将原子从吸收态能级抽运到非吸收态能级的现象称为光抽运现象，利用这种现象研发的原子钟统称为光抽运原子钟。

20 世纪 60 年代，阿利（Alley）提出了脉冲光抽运（Pulsed Optically Pumped，POP）的原始设想，使量子态、微波脉冲探询原子跃迁和检测基态两能级原子跃迁几率随微波频率的变化在时间上完全分开，可看作纯的二能级系统，因而可消除光频移的影响。与磁选态原子钟不同，脉冲光抽运原子钟利用连续的光谱灯和连续的微波与铷原子的作用，产生的量子态、微波探询原子跃迁和检测原子跃迁在时间和空间上均是同时存在的，可视作由光场和微波场同时耦合的三能级系统，产生光频移、微波频移等各种效应，直接影响着铷原子钟的频率稳定度。

（三）相干布居囚禁（CPT）原子钟

相干布居囚禁是由原子态的相干叠加产生的现象。1976 年，Alzetta 等人在研究中发现了相干布居现象，并将其定义为：在双光子共振的条件下，初态处在相干叠加态的原子，在与双模相干场发生相互作用时，原子布居数出现稳恒的状态，这种现象称为原子的相干布居囚禁现象，而利用该原理研发的原子钟即称为相干布居囚禁（CPT）原子钟。

由于 CPT 原子钟具有易于小型化和高性能等优点，因而研发适于航天器应用的 CPT 原子钟成为各主要航天国家空间原子钟技术的研发重点之一。在欧洲"伽利略"全球导航卫星系统计划的支持下，意大利国家电子研究所（IEN）于 2002 年完成了主动型 CPT 原子钟实验装置的研发，2010 年 CPT 原子钟的性能已经达到秒稳定度为 8×10^{-13}，1000 秒稳定度为 3×10^{-14}。

（四）离子阱原子钟

离子阱是通过施加在特定构型电极上的电磁场将带电离子束缚在实验装置中，不仅离子冷却至极低的温度，避免了离子与容器壁之间的碰撞，而且延长了离子与电磁场的作用时间，大大提高了频率的准确度和稳定度，这种装置即为离子阱。利用离子阱现象研发的原子钟即为离子阱原子钟。

与传统的磁选态原子钟相比，离子阱原子钟具有体积小、质量轻、功耗低、稳定度高等优点，是未来卫星导航系统、深空探测航天器高精度时间系统的重要选择。

（五）冷原子钟

利用激光冷却技术将原子的温度降低，并保持在绝对零度附近（低于 1 毫开，一般为 100 纳开左右），且利用此温度下呈现的物理现象和量子光学测量技术研发的原子钟，称为冷原子钟。

冷原子技术不仅可用于发展高精度、高稳定度的原子钟系统，也可用于研发高精度的惯性导航系统，如冷原子陀螺、冷原子加速度计等，是解决高精度计时与高精度导航的重要技术途径。目前，DARPA 和欧洲航天局均已启动了冷原子计时和导航技术的研发工作。

二、国外现役空间原子钟

美国空间原子钟技术的快速发展得益于 GPS 的建设与发展，卫星导航系统对高精度时间系统的需求有效地推动与促进了高精度空间原子钟技术的发展。到目前为止，高精度的铷钟与铯钟一直是美国空间原子钟技术的发展重点，也是 GPS 高精度定位导航授时服务的重要支撑，如表1所列。

表1　GPS 卫星原子钟装备情况

卫星型号	GPS - 1	GPS - 2/2A	GPS - 2R/2RM	GPS - 2F
原子钟装备数量	4	4	3	3
铷钟	2	2	3	2
铯钟	2	2	0	1

（一）GPS 铷钟

美国铷原子钟技术的发展源于高精度时间测距体制卫星导航系统对精确时间系统的需求。1974 年首颗携带 2 部铷原子钟的卫星——技术试验卫星 - 1（NTS - 1）发射升空，进行铷原子钟的空间飞行验证。上述 2 部铷原子钟由海军研究实验室（NRL）与 Efratom 公司联合研制。结果表明：铷原子钟表现出了远优于晶体振荡器的性能，证明了原子钟具有重要的空间应用价值，也拉开了美国空间原子钟技术发展的序幕。

NTS - 1 卫星装载两部由 Efratom 公司研发的铷原子钟，海军研究实验室

（NRL）对其进行了改造，其寿命只有约 2 年，初期老化率为 3.7×10^{-12}/天，5 个月后为 1×10^{-13}/天，1 年后为 3×10^{-13}/天；稳定度约为 1×10^{-12}/天。

在 NTS－1 卫星铷原子钟的基础上，美国已经发展了多个型号的空间铷原子钟，如表 2 所列，装备、使用的铷钟数量超过 200 部，其中绝大多数装备于 GPS 卫星。

表 2　美国空间铷原子钟发展历程

星座	NTS－1	GPS－1/－2/2A	GPS－2R/2RM	GPS－2F
承包商	NRL/Efratom	Rockwell/Efratom	Perkin Elmer	Perkin Elmer
首次发射/年	1974	1978	1997	2010
功率/瓦	11	37	39	≤39
质量/千克	1.3	6.2	5.5	≤6.8
稳定度	$< 1.5 \times 10^{-13}$	$< 1 \times 10^{-13}$	$< 6 \times 10^{-14}$	$< 5 \times 10^{-14}$
设计寿命/年	< 1	< 2	≈6	> 6

按最初的计划，GPS－2R 卫星将采用 2 部铷钟和 1 部铯钟，其中铷钟由珀金·埃尔默公司（Perkin Elmer）研制，铯钟由 Datum－Beverly 研制。但是，在经过多次空间飞行演示验证后，GPS－2R 卫星的铯钟仍然不能满足设计指标的要求。最终，美国空军决定放弃使用铯钟，GPS－2R 卫星全部采用铷原子钟，数量由原计划的 2 部增加至 3 部。珀金·埃尔默公司 GPS－2R/2RM 卫星铷原子钟技术指标如表 3 所列。

表 3　珀金·埃尔默公司 GPS－2R/2RM 卫星铷原子钟技术指标

项目	指标	项目	指标
准确度	$\pm 1 \times 10^{-9}$	功耗	39 瓦
漂移率	≤5×10^{-14}/天	质量	< 5.5 千克
稳定度	$3 \times 10^{-12} \times \tau^{-\frac{1}{2}} + 5 \times 10^{-14}$ （1 秒 $< \tau < 105$ 秒，去除漂移）	体积	4 升
		温度系数	≤2×10^{-15}/℃

GPS - 2F 卫星配备 2 部铷原子钟，主要技术指标如表 4 所列，承包商仍为珀金·埃尔默公司。与 GPS - 2R/2RM 卫星铷原子钟相比，主要变化如下：

（1）铷灯的缓冲气体由氪改为氙，其优点是易于利用薄膜干涉滤波器滤除缓冲气体（氙）光谱谱线，有效降低光谱噪声。实际结果表明，采用氙作为缓冲气体并进行滤波后，信噪比从原来（GPS - 2R/2RM 卫星铷钟）的 75 分贝提高到 87 分贝。

（2）GPS - 2F 卫星铷钟的电路部分增加了一个二次环路综合器，以 13.4 兆赫信号为基准，通过综合和锁相环路，锁定另一个 10.23 兆赫的电压控制晶体振荡器，输出更加稳定的 10.23 兆赫信号。

表 4 GPS - 2F 铷原子钟主要技术指标

参数	技术指标	
频率	10.23 兆赫（标称值）	
频率偏差	$\pm 1 \times 10^{-11}$（校准）	
频率漂移	$\leqslant 1 \times 10^{-13}$/天	
频率稳定度	τ/秒	Allan 方差
	$1 \sim 4$	9.45×10^{-12}
	$4 \sim 10^5$	$1.89 \times 10^{-11} \times \tau^{-\frac{1}{2}}$
	$10^5 \sim 10^6$	6.00×10^{-14}
输出功率	18 分贝·毫瓦 ± 1.5 分贝·毫瓦	
谐波	$\leqslant -50$ 分贝	
直流功耗	$\leqslant 39$ 瓦	
最大尺寸	190.5 毫米（宽）×304.8 毫米（长）×151.4 毫米（高）	

（二）GPS 铯钟

美国空间铯原子钟技术的发展同样源于时间测距体制 GPS 系统发展的

需求，1977 年 6 月发射的 NTS - 2 卫星携带 2 部铯原子钟，进行铯原子钟的空间飞行演示验证。该铯原子钟由频率与时间系统公司（Frequency and Time Systems，FTS）与海军研究实验室（NRL）联合研制。

截止目前，在美国已经发展的两代 6 个型号的 GPS 卫星中，除 GPS - 2R/2RM 卫星因研制拖延没有装备铯原子钟外，其他型号均装备了铯原子钟，且均为磁选态铯原子钟，如表 5 所列。

表 5　GPS 星载铯钟主要参数

参数	GPS - 1、 - 2/2A			GPS - 2F
承包商	FTS	FEI	KERNCO	Datum - Beverly
功耗/瓦	25	21.2	29.7	< 25
质量/千克	11.4	14	12.7	12.23
稳定度	2×10^{-13}/天	$< 1 \times 10^{-13}$/天	3.8×10^{-13}/天	$< 5 \times 10^{-14}$/天
寿命/年		6	6	10

与已经装备 GPS 卫星的磁选态铷原子钟相比，铯原子钟具有两个方面的优点，一是长期稳定性好，漂移远优于铷原子钟；二是寿命长，寿命超过 6 年，远优于早期 GPS 铷原子钟的 2 年，这也是 GPS - 2A 工作寿命远超过设计寿命的重要保证。

最初，美国有多家公司参与 GPS 卫星铯原子钟的研发，在 GPS - 2/2A 卫星铯原子钟的竞争中，FTS 公司最终胜出，在 GPS - 2/2A 卫星总计 56 部铯原子钟中获得了 51 部铯原子钟的采购合同，而 FEI、KERNCO 两家公司共获得了 5 部铯原子钟的研发、采购合同。

美国 GPS 卫星铯原子钟的持续改进主要集中在两个方面：一是铯束管的改进，包括铯炉与准直器、AB 磁铁、微波腔、电子倍增器等，不断完善设计与加工工艺；二是铯原子钟电路部分的改进，主要是采用了数字化技术，包括频移自动测试、自动修正，运行参数自动优化等。

GPS - 2F 卫星搭载美国最新一代的磁选态铯原子钟，由 Datum - Beverly 公司研发，型号为 Model FTS 4410，采用单束光学方案，电子部分采用了数字控制技术，秒稳定度为 2×10^{-11}/秒，天稳定度达到 5×10^{-14}/天，质量 12.23 千克，设计寿命 10 年。

（三）"伽利略"铷钟

为保证"伽利略"系统的服务性能，欧洲对铷原子钟提出了较高的要求，基本达到了美国 GPS - 2F 卫星铷原子钟的性能指标，如表 6 所列。

表 6　欧洲航天局提出的星载铷钟指标

项目	参数
频率稳定度	$< 4 \times 10^{-14}$@10000 秒
基础漂移	$< 3 \times 10^{-14}$
热敏感度	$< 5 \times 10^{-14}$/℃
磁敏感度	$< 1 \times 10^{-13}$/高斯
质量	3.3 千克
体积	2.4 升

作为"伽利略"系统铷原子钟的主承包商，瑞士 TNT 公司于 1997 年启动了"伽利略"系统星载铷原子钟的研制工作，主要经历了三个发展阶段：①初期发展 RAFS1 和用于 NAVSAT（GNSS - 1 和 GNSS - 2 项目）预鉴定模型；②改进后用于寿命验证的 RAFS1 和用于 GALILEO 系统的鉴定件 QM；③用于提高的 RAFS2 和 GALILEO 卫星有效载荷接口兼容性。

2000 年，TNT 公司完成了首部"伽利略"铷原子钟工程样机，由于将滤光部分集成在磁控管谐振腔中，因此在不牺牲原子钟短期和长期稳定性能的前提下，大大减小了物理部分的体积。

"伽利略"铷原子钟的基本结构如下：

（1）RAFS 电路部分由 6 层印制电路板组成，电路板间通过内线和平面电缆连接。

（2）基板支撑接口电路，电压整流器和加热源，其中加热源要有很好的热沉。

（3）数字电路板被悬吊在中间，并采取防护措施。

（4）模拟电路、检测电路和晶振固定于主腔上，且热稳定。

（5）物理部分置于主腔内，并附加磁屏蔽。

（6）集成泡和灯泡的 2 个射频板置于主腔的两端。

（7）物理部分的热耗散通过 4 个支撑柱传导到基板。

（8）外壳通过基板的 8 个铆钉和顶部的 4 个铆钉固定。

（9）严格的装配提高了强度并限制了结构的低共振频率。

（四）被动氢原子钟

被动氢原子钟是欧洲"伽利略"全球导航卫星系统的主原子钟，每颗"伽利略"工作星均装备 2 部。"伽利略"系统氢原子钟的研制活动于 1998 年启动，最初 ESA 计划研发主动氢原子钟，但研究结果表明：以当前的技术水平与能力，主动氢原子钟的质量、体积、功耗等均过高，不能满足伽利略卫星小型化与空间飞行的要求。最终，ESA 于 2000 年决定调整研发方向，在主动氢原子钟研发成果的基础上研发被动氢原子钟，如表 7 所列。

表 7 伽利略被动氢原子钟主要指标参数

指标	被动氢原子钟	小型化被动氢原子钟
输出频率/兆赫	10.00285741	10.00285741
输出电平/（分贝·毫瓦）	+7	+7
频率漂移	$\leq 1 \times 10^{-14}$/天（1 周后） $< 1 \times 10^{-15}$/天（30 天后）	$\leq 1 \times 10^{-14}$/天（1 周后） $< 1 \times 10^{-15}$/天（30 天后）

（续）

指标	被动氢原子钟	小型化被动氢原子钟
Allan 背离 （1 秒 $< \tau < 10^4$ 秒）	$< 1 \times 10^{-12} \times \tau^{-\frac{1}{2}}$（最大） $< 7 \times 10^{-13} \times \tau^{-\frac{1}{2}}$（典型）	$< 1 \times 10^{-12} \times \tau^{-\frac{1}{2}}$（最大） $< 7 \times 10^{-13} \times \tau^{-\frac{1}{2}}$（典型）
温度敏感系数/℃$^{-1}$	$< 2 \times 10^{-14}$	$< 1 \times 10^{-14}$
平台主电压敏感系数/伏$^{-1}$	$\leqslant 3 \times 10^{-15}$	$\leqslant 3 \times 10^{-15}$
尺寸/毫米	$210 \times 500 \times 250$	$210 \times 480 \times 218$
质量/千克	18.2	12
平台主电压/伏	50 ± 1	50 ± 1
功耗/瓦	$\leqslant 70$（基板温度 -5℃） $\leqslant 60$（基板温度 $+10$℃）	$\leqslant 54$（基板温度 -5℃） $\leqslant 47$（基板温度 $+10$℃）
工作温度/℃	$-15 \sim +20$	$-15 \sim +20$

目前，美国、欧洲均已启动了新一代空间原子钟技术的研发，部分项目已经接近成熟，即将投入使用，如激光抽运铯束原子钟、汞离子钟技术，频率稳定度接近或达到 10^{-15}/天。同时，为保持其在空间原子钟技术领域的优势，满足卫星导航系统未来发展的需求，美国与欧洲均已启动了空间冷原子钟技术的研发活动，目标是研发准确度达到 10^{-14}、频率稳定度达到 10^{-16} 或更高的空间原子钟。

（北京空间科技信息研究所　刘春保）

美军太空态势感知最新发展动向

2016 年，美军发射两颗高轨巡视侦察卫星，实现星座四星组网；新一代地基光学"空间监视望远镜"（SST）完成测试运行，进入部署阶段；地基 S 频段"空间篱笆"项目完成重大里程碑节点，样机跟踪到首批太空目标；整合太空态势感知数据的"轨道展望"（Outlook）取得阶段性成果，初步建成全球范围的网络之网络。随着新一代太空目标监视装备的陆续部署，美国太空目标覆盖率、探测精度及时效性将有显著提高，一体化指控能力得到提升。未来，面向太空对抗，美国太空态势感知能力将进一步填补能力缺口，建设重视发展高轨巡视侦察能力、无先验信息目标监视能力、各类监视监测装备协同观测及数据融合处理能力。

一、美军新一代太空目标监视装备进入部署阶段

（一）美高轨巡视侦察卫星 GSSAP 进入四星组网阶段

2016 年 8 月 19 日，美国空军两颗"地球同步轨道太空态势感知计划"卫星（GSSAP）发射升空，将与首批入轨的两颗 GSSAP 卫星组成星座，共

同对地球同步轨道目标执行巡视侦察任务。GSSAP 单星质量 600 千克，星上安装有光电传感器，机动能力强，可实现对地球同步轨道目标的交会逼近、详细成像侦察和获取电子信号情报，如图 1 所示。2016 年 8 月，美军利用一颗 GSSAP 机动到出故障的 MOUS 卫星附近，开展近距离检测。GSSAP 具有高精确轨道机动能力，通过与地球同步轨道目标的相对漂移实现全轨道巡视探测，最短重访周期约 15 天，可支撑美军高轨态势感知能力向支持太空作战的目标技术侦察、行动意图判断等领域拓展。

图 1　GSSAP 双星（左）与 SST（右）

（二）美新一代地基光学"空间监视望远镜"（SST）完成测试运行

2016 年 10 月，美国国防高级研究计划局向空军转交 SST 控制权，标志着 SST 完成测试，即将进入装备部署阶段。SST 采用非球面镜和曲面电荷耦合器件，结构简单，短焦距、宽视场（主镜孔径 3.5 米），探测灵敏度高，采用电机驱动，可快速稳定探测深空目标。SST 几个晚上收集的太空监视数据量相当于现有地基装备几周甚至几个月提供的数据量，探测精度和搜索覆盖率提高约一个数量级，代表着新一代地基光学太空目标监视系统的发展方向。SST 的关键技术主要包括非球面镜的光学系统、曲面 CCD 探测器、相关模型与焦面补偿方法。

（三） 美地基 S 频段 "空间篱笆" 样机跟踪到首批太空目标

2016 年 1 月，S 频段 "空间篱笆" 样机在测试中跟踪到首批太空目标。S 频段 "空间篱笆" 是世界上最大的 S 频段单基地相控阵雷达，采用调频脉冲信号（频率为 2 ~ 4 吉赫），在东西方向扫描，发射波束宽度为东西 120° × 南北 0.2°，重点对中低地球轨道上尺寸大于等于 5 厘米的目标进行跟踪。"空间篱笆" 将部署在太平洋上的夸贾林环礁，预计 2018 年可获得初始运行能力，2022 年具备全面运行能力（图 2）。S 频段 "空间篱笆" 在没有先验信息或指派任务的情况下，具有发现、锁定和测量所有低/中轨道太空物体的能力，每天可探测 150 万次、跟踪 20 万个目标，最大探测高度 4 万千米。与上一代装备相比，"空间篱笆" 太空目标探测数据将提高 10 倍，太空分辨率大幅提升，探测同一目标的周期缩短。S 频段 "空间篱笆" 包含 7 项关键技术：轨道估计用的软件算法；高效率的氮化镓（GaN）功率放大器；低成本分布式接收机；单片微波集成电路；雷达阵列的大规模集成

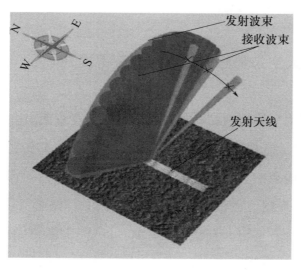

图 2　S 频段 "空间篱笆" 系统波束扫描图

和校准；规模可调数字波束形成器；信息安全认证标准的制定。其中，规模可调数字波束形成器应实现天线协同工作，产生足够功率，完成太空监视与跟踪任务。

（四）美"轨道展望"项目取得阶段性成果

"轨道展望"项目主要通过整合民用、商业、高校等传感器，建成太空态势感知"网络之网络"。2016年，该项目完成了7套太空目标监视系统的多源数据实时集成、快速融合与处理，推动太空态势感知向实时决策与精确预测升级转型。过去数年，商业太空领域已开发数百种传感器，但美军太空监视网无法实现与新兴传感器快速、简易地共享数据。为此，美军于2012年启动整合民用望远镜的项目"太空视窗"（SpaceView）；2013年启动整合工业界的"低地球轨道低倾角目标无提示探测"（LILO）项目；2013启动整合全球高校数据项目"恒星视窗"（StellarView）。"轨道展望"扩大了军方可用数据，提升了数据精确性，将提示与预警周期从按周提升为按小时。该项目代表美军太空态势感知能力建设正从以传感器为中心向以数据为中心转移。

二、美国太空态势感知整体能力获得提升

（一）美军太空监视网已具备各轨道详查、普查能力

美军利用太空监视网实现对太空目标的探测。太空监视网包括：部署在全世界14个地点的26部地基太空监视系统、1颗"微卫星技术试验"（MiTEx）卫星，1颗"天基监视系统"（SBSS）探路者卫星、2颗"太空目标监视与跟踪系统"（STSS）卫星、2颗GSSAP卫星、1颗"蓝宝石"卫星（加拿大），三个指挥控制中心，可对入网的太空监视系统进行统一的指挥和调度，可覆盖全球大部分太空（图3、表1）。此外，美军在轨的太空监

视卫星还包括 3 颗技术试验卫星（2 颗 STARE 和 1 颗 ANGELS）和 2 颗 2016 年 8 月发射入轨的 GSSAP 卫星（截至 2016 年底尚处于在轨测试阶段）。此外，美军整合了商业太空目标监视网数据的工作取得阶段性成果，整合了多源数据。

图 3　美国太空监视网地基装备部署图

表 1　美军太空监视网主要装备一览表

传感器类型	名称及位置	类型及描述
专用传感器	阿森松，南大西洋阿森松岛	机械雷达，提供近地米级跟踪和雷达截面测量
	艾格林，佛罗里达州艾格林空军基地	相控阵雷达，主传感器提供近地米级跟踪，还提供雷达截面测量和有限深空米级跟踪
	陆基光电深空太空系统（GEODSS）；英属印度洋领地迪戈加西亚岛，夏威夷毛伊岛，新墨西哥州的赛贡多	每个站点的光电望远镜，主传感器提供深空米级跟踪，还提供光学太空目标识别数据
	格罗巴斯，挪威维阿多	机械雷达，提供近地米级跟踪和深空宽带图像
	微卫星技术试验卫星（MiTEx），太空	保密
	天基监视系统（SBSS），太空	光学遥感卫星，提供了米级观察和光学太空目标识别数据
	先进技术降低风险（STSS–ATRR），太空	保密
	地球同步轨道太空态势感知计划（GSSAP）；太空	保密

（续）

传感器类型	名称及位置	类型及描述
兼用传感器	弹道导弹预警系统（BMEWS），阿拉斯加州克利尔空军基地，格陵兰岛图勒空军基地，英国菲林代尔斯皇家空军基地	每个站点的相控阵雷达，主要用于导弹预警，提供近地米级跟踪和 RCS 测量
	卡弗利尔，北达科他州卡弗利尔空军基地	相控阵雷达，主要用于海射与洲际弹道导弹的战术预警和攻击评估；提供米级跟踪与 RCS 测量
	丹麦眼镜蛇，阿拉斯加州艾瑞克森空军基地	相控阵雷达，主要用于导弹防御，提供近地米级跟踪和 RCS 测量
	PAVE 相控阵预警系统（铺路爪），马萨诸塞州科德角空军基地和加州比尔空军基地	相控阵雷达，提供导弹预警和太空提供监视数据，提供近地米级跟踪和 RCS 测量
可用传感器	林肯太空监视系统（LSSC）干草堆，米尔斯通干草堆辅助，马萨诸塞州韦斯特福德	机械雷达，生成近地和深空宽带图像和 RCS 测量
	毛伊岛太空监视系统（MSSS），先进光电系统（AEOS），光学超级计算站（AMOS），RA-VEN，夏威夷毛伊岛	光电望远镜；生成深空米级跟踪和光度 SOI，近地光学图像
	罗纳德·里根弹道导弹防御试验场地（RTS），ARPA 林肯 C 频段可观测雷达（ALCOR）马绍尔群岛夸贾林环礁	机械雷达，近地宽带图像和 RCS 测量
	RTS，ARPA 远程跟踪和测量雷达（ALTAIR）；马绍尔群岛夸贾林环礁	机械雷达，地球和深空米级跟踪和 RCS 测量
	RTS，毫米波（MMW）；马绍尔群岛夸贾林环礁	机械雷达，生产近地宽带图像和 RCS 测量
	RTS，目标分辨率和歧视试验（TRADEX）；马绍尔群岛夸贾林环礁	机械雷达；生产近地和深空米级跟踪和 RCS 测量
	蓝宝石（加拿大）；太空	天基光学望远镜

随着新一代太空目标监视装备的陆续部署，美国低轨、中轨、高轨太空目标的探测、定位、特征描述等能力将获得提升，覆盖率、探测精度及时效性将有显著提高，一体化指控能力得到提升。截至 2016 年 9 月，美国太空监视网编目直径大于 10 厘米的太空目标数量达到 16000 多个，可探测跟踪低轨大于 10 厘米、地球同步轨道大于 30 厘米的目标，具备高轨目标详细侦察监视能力。美国具备对绝大多数在轨卫星的认知能力，能确定部分对己方航天器的攻击威胁以便采取积极防护的行动，具备给出对太空目标打击窗口的能力，以及攻击作战目标指示的能力。2003 年以来，美国验证了通过低轨、地球同步轨道巡视卫星接近目标并对其进行详细成像侦察和获取电子信号情报的能力。2016 年 8 月，美军曾利用地球同步轨道巡视卫星对故障卫星进行了实地检测。

（二）太空环境监测网可提供较准确的太空环境信息

美国天地一体化太空环境监测网可为卫星操作、太空目标跟踪提供较准确且有针对性的太空环境信息。美国初步建立较完善的天地一体化太空环境监测网络，包括分布全球的监测太阳活动、电离层、地磁场和宇宙射线的地基监测设备，从行星际（先进成分探测器卫星）、地球同步轨道（地球静止轨道业务环境卫星、洛斯·阿拉莫斯国家实验室卫星）、中轨道（全球定位系统卫星）、近地轨道（国防气象卫星、紧凑型环境异常探测器）等不同轨道监测太阳活动、行星际扰动和近地太空环境扰动的天基太空环境监测系统。美国能够实时探测太阳黑子活动与近地太空扰动等，能够较准确分析和预测全球太空环境态势，能够为卫星操作、太空目标跟踪、雷达监测等任务提供较准确且有针对性的太空环境信息。美国预测太空环境诱发的卫星状态异常的准确率达 75%，预测电离层闪烁导致的 C^4ISR 系统中断的准确率达 75%，通过电离层修正使雷达目标定位和图像重构改善高达 60%。

三、未来美军重点填补太空态势感知能力缺口

在太空对抗背景下，美国太空态势感知能力将重点填补主要能力缺口，包括发展局部太空目标详查能力、无先验信息目标监视能力、各类监视监测装备协同观测及数据融合处理能力。

（一）发展局部太空目标探测及重点气象监测能力

在目标探测、跟踪与识别及气象监测方面，美军正在向澳大利亚迁移 2 个装备，正在研发或规划 5 个新型装备，以增强 SSA 数据收集能力。SST 时地基光学望远镜将提供地球同步轨道小型目标数据，迁移工作有望在 2017 财年进行，预计 2020 财年可以运行。C 频段雷达是地基雷达，用于探测和跟踪近地轨道目标，2014 年 12 月完成迁移，按计划于 2016 年运行。迁移之后将增强南半球和深空目标的探测能力。新型装备研发方面，ORS－5 卫星将提供同步轨道太空目标数据，预计 2015 年 9 月完成关键设计评审，2017 年发射。S 频段"空间篱笆"地基雷达，用于探测近地轨道和中地球轨道内的无先验信息目标，首个雷达预计于 2019 年运行。天基太空监视（SBSS）后继卫星系统提供地球同步轨道太空目标数据，卫星预计于 2021 财年发射。气象系统后继（WSF）高能带电粒子（ECP）传感器（卫星传感器）将为 SSA 提供太空气象数据，WSF ECP 样机交付有望于 2018 财年实现。下一代电离层探测器（NEXION）地基雷达将为 SSA 提供构成电离层的粒子数据，以及其他太空气象分析，安装工作正在进行，有望于 2022 财年结束。

（二）提升特征描述、告警及集成利用能力

在特征描述方面，美军正在开发"联合太空运行中心任务系统"（JMS），将提供更高的 SSA 编目及其他能力。"增量2"提供任务功能，增强编目功能，有望于 2019 年全面运行。美军预计能够识别和跟踪更小目标的新型装备入役后，将需编目和进行特征描述的太空目标的数量将增多。

在威胁告警与评估方面，美国空军太空气象中队正在升级太空气象分析与预测系统，增强其能力。随着 JMS 能力的增加，分析工作量正在增加；而且随着更多目标得到编目和跟踪，分析工作量还将继续增加。2014 年，向卫星所有者／运行商提供 671727 次可能碰撞的告警通知。

在数据集成与利用方面，随着 SSA 关注点扩大到提供战场太空感知信息，分析工作重点正在发生变化。JMS"增量3"将提供干扰及其他敌对行为的实时警告——经费申请从 2016 财年开始，向盟国提供访问的相关政策问题则有待解决。DARPA 的"标志"（Hallmark）项目寻求新型软件架构，将支持更多实时 SSA 和决策制定工具，进一步整合太空系统的指挥与控制能力。

（中国航天系统科学与工程研究院　刘海印　曹秀云）

国外弯曲焦平面阵列成像技术发展分析

2016 年 10 月，美国国防高级研究计划局向美国空军转交了新一代地基光学"太空监视望远镜"（SST）的控制权，标志着该望远镜已完成测试，进入装备部署阶段。SST 采用"梅森—施密特"式三镜光学成像系统，结构紧凑，具备短焦距、宽视场，高探测灵敏度以及快速伺服反应能力，可快速稳定探测无先验信息的目标，能单次探测到近地轨道至地球同步轨道 1 万个 8～10 厘米太空目标，探测精度和搜索覆盖率提高约一个数量级，几个晚上收集的探测数据量相当于现有地基装备几周甚至几个月提供的数据量，极大提升了美军对中高轨空间区域的监视能力。SST 兼具结构紧凑和宽视场探测能力的关键是采用了由弯曲 CCD 拼接而成的焦平面阵列。下面将简要介绍弯曲焦平面技术优点和研究发展情况。

一、弯曲焦平面阵列的概念

焦平面阵列（FPA）是光学成像系统的核心组件，通常为平面形。弯曲焦平面阵列成像技术是指利用弯曲焦平面阵列，代替传统焦平面阵列接收目标物体影像的技术，可简化光学系统复杂性，减少光路损失，还能降低成像系统的尺寸和总质量，具有极强的天基应用前景。

（一）传统焦平面阵列成像技术的应用瓶颈

光学成像系统受会聚型光学元件影响，形成呈弯曲状的像面，且像面弯曲程度随视场增大而增加，当平面形焦平面阵列接收时，离光轴越远的图像质量降低（光斑越大），通常需引入额外的光学校正元件对离轴像差进行校正，将弯曲像面"展平"，才能提高边缘图像的分辨率，获得较大的成像视场。这种采用不同曲率、不同的材料的光学元件来校正像差的光学设计工作极其复杂，不但增加了整个成像系统的体积和质量，每个空气/玻璃界面也会衰减一定的入射光强，影响成像灵敏度，因而迫切需要从透镜、焦平面等方面寻求突破。平面焦平面阵列成像结果受弯曲像面影响如图 1 所示。

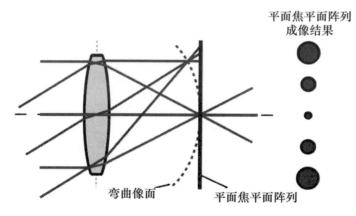

图 1　平面焦平面阵列成像结果受弯曲像面影响

（二）弯曲焦平面阵列成像技术满足宽视场成像需求

采用弯曲焦平面阵列的宽视场、高分辨率光学成像系统，可极大程度降低光学系统设计难度，提升结构紧凑度和灵活性，降低总质量。弯曲焦平面阵列成像结果不受弯曲像面影响，如图 2 所示。

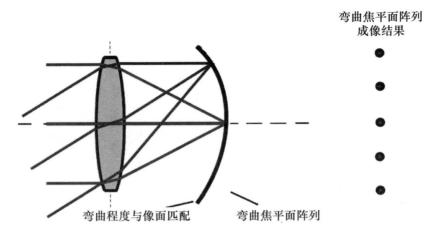

图 2　弯曲焦平面阵列成像结果不受弯曲像面影响

一是兼具宽视场和高分辨率成像能力。根据像面弯曲程度制造与之匹配的焦平面阵列，可将宽视场成像结果完整记录下来，不受弯曲像面的影响，获得高质量成像结果。

二是可大幅简化光学系统。成像系统不必再依靠复杂的光学元件对弯曲像面进行校正，即可获得大视场、高分辨率的成像能力，还能使整个系统结构紧凑，减轻质量并提升灵活性。弯曲焦平面可简化光学系统如图 3 所示。

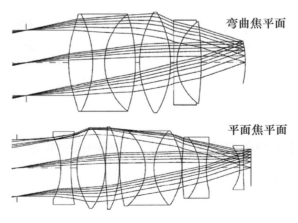

图 3　弯曲焦平面可简化光学系统

二、弯曲焦平面阵列的三种实现途径

（一）平面 CCD 曲面拼接

以"开普勒"望远镜为例，将42块平面CCD拼接在曲面衬底上，拟成一个弯曲焦平面阵列。这种方案的优点是所用的平面CCD易于制造，但对各CCD的位置、姿态校正与检测精度要求较高，可获得的焦平面阵列曲率半径通常较大，提升视场的空间有限。利用曲面衬底将42块CCD拼接为弯曲焦平面如图4所示。

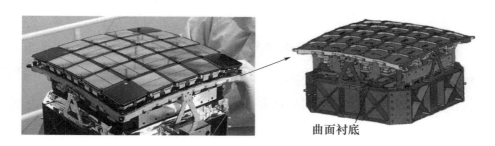

图 4　利用曲面衬底将 42 块 CCD 拼接为弯曲焦平面

（二）微相机曲面排布

以DARPA"用于图像重构与利用的先进宽视场结构"（AWARE）项目为例，将若干相同的微相机围绕球形主镜呈辐射状排布，形成曲率半径与主镜场曲相匹配的焦平面阵列。样机AWARE－10已具备宽视场、高分辨率成像能力，即将进入军事应用阶段，但各微相机的检测和装配精度要求较高，整个系统的支撑结构和控制与处理单元体积庞大，便携性较差。利用曲面支撑结构排布若干微相机如图5所示。

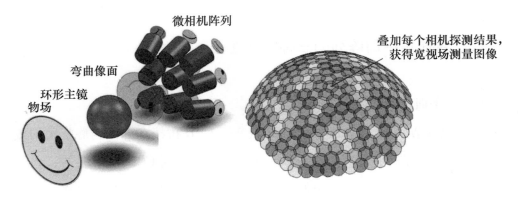

图 5 利用曲面支撑结构排布若干微相机

（三）弯曲 CCD 拼接

以 SST 为例，采用整块或多块与像面匹配的 CCD 拼接成弯曲焦平面阵列，可大幅降低配套硬件设施的体积和质量，整个系统具有设计难度低、结构精简紧凑等特点，可极大提升观测效率。但这种弯曲焦平面阵列调谐范围有限，不能同时满足不同成像系统间的像面曲率差异，需要特别定制。

三、弯曲焦平面阵列研究进展情况

目前，美国麻省理工大学的林肯实验室、斯坦福大学、亚利桑那大学、美国喷气实验室、法国微电子研究所（CEA）等机构正在探索多种弯曲焦平面阵列研制方法。弯曲焦平面阵列主要参数如表 1 所列。

表 1 弯曲焦平面阵列主要参数

项目	研发机构	CCD 尺寸	CCD 像元	曲率半径	厚度
开普勒望远镜	欧洲航天局	5.9 厘米 ×2.8 厘米	2200×1024	1.4 米	—
空间监视望远镜	美国麻省理工大学 美国国防高级研究计划局	—	—	5.44 米	200 微米

（续）

项目	研发机构	CCD 尺寸	CCD 像元	曲率半径	厚度
—	美国斯坦福大学 美国国家航空航天局	1 厘米×1 厘米	105×105	10 毫米	30 微米
欧洲极大望远镜	美国亚利桑那大学 欧洲南方天文台	6 厘米×6 厘米	4000×4000	500 毫米	200 微米
—	美国喷气实验室	—	1000×1000	250 毫米	—
—	法国微电子研究所 法国航空航天实验室	1 厘米×1 厘米	—	47.5 毫米	50 微米

（一）林肯实验室采用"双侧去薄法"制成焦平面阵列

麻省理工大学林肯实验室为制造弯曲焦平面阵列，创造性地采用"双侧去薄法"（DFT）获得易于弯曲的 CCD。整个制造流程如下：先将 CCD 感光表面暂时嵌入在第二片载体晶片上，再将原 CCD 的载体晶片厚度变为 150 微米，然后去除后加的载体晶片，最终仅留下 200 微米厚的 CCD。整个流程可在不增加 CCD 读出噪声和暗电流的同时，使其兼备刚度和韧性，制成的弯曲 CCD 拼接成曲率半径达 5.44 米的焦平面阵列。"双侧去薄法"示意图如图 6 所示。

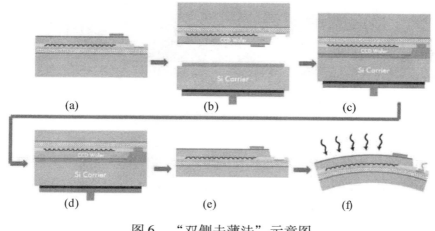

图 6 "双侧去薄法"示意图

（二）斯坦福大学采用"离子刻蚀法"制成样机并开展对比分析

斯坦福大学研究人员采用离子刻蚀法获得特定图案样式的焦平面阵列，尺寸为 1 厘米^2，曲率半径为 1 厘米。由于相对独立的硅块之间连接着硅键，使焦平面阵列具备一定的柔韧性。

斯坦福大学将采用该阵列的样机进行性能分析，证实弯曲焦平面阵列可减少成像系统光学元件的数量，降低像散、慧差等像差对像质的影响，增加离轴光线成像的亮度和分辨率。可弯曲的焦平面阵列示意图如图 7 所示。

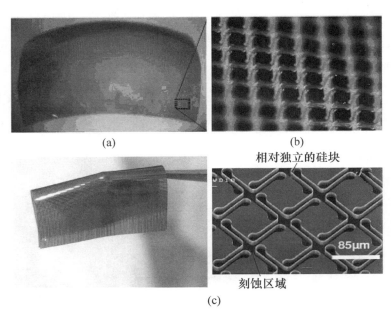

图 7　可弯曲的焦平面阵列示意图

（三）亚利桑那大学采用"双真空压铸法"实现弯曲焦平面阵列

20 世纪 90 年代末，亚利桑那大学成像技术实验室（ITL）已研制出曲率半径 25 毫米、厚 50 微米的柱面弯曲焦平面阵列，目前正与欧洲南方天文台（ESO）合作，为即将投入使用的"欧洲极大望远镜"（E－ELT）研制球面弯曲焦平面阵列。亚利桑那大学采用"双真空压铸法"（对压铸焦平面阵列的上下两个模具，分别按照特定的顺序、强度抽真空），制成厚度为200微米的弯曲焦平面阵列，其规格为4000像元×4000像元，曲率半径为500毫米，尺寸为6厘米^2。亚利桑那大学制造的弯曲焦平面如图8所示。

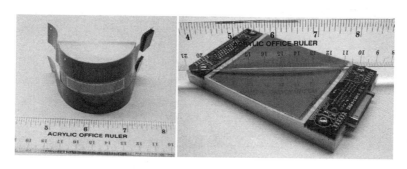

图8　亚利桑那大学制造的弯曲焦平面

（四）喷气实验室采用"喷气调制法"制成弯曲焦平面阵列样品

喷气实验室（JPL）利用1.5个大气压对规格为1000像元×1000像元的薄焦平面阵列进行处理，最终获得曲率半径为250毫米的凹、凸形弯曲薄焦平面阵列样品。曲率调制过程和凸、凹形弯曲焦平面阵列分别如图9、图10所示。

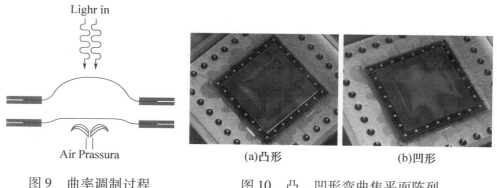

图9　曲率调制过程　　　　图10　凸、凹形弯曲焦平面阵列

（五）法国微电子研究所采用"整片压铸法"制成弯曲红外焦平面阵列

法国微电子研究所、法国航空航天实验室等单位共同将整片 20 毫米 × 20 毫米的薄硅晶片直接压铸成 10 毫米 × 10 毫米的球面形状，最终获得 50 微米厚、曲率半径 47.5 毫米的弯曲红外焦平面阵列。法国研制的曲面红外焦平面阵列如图 11 所示。

图 11 法国研制的曲面红外焦平面阵列

四、结束语

弯曲焦平面阵列的制造过程中尚存一些技术难题有待突破：一是将焦平面阵列处理到所需的厚度时，要控制由变薄引起的元件性能下降（读出噪声、暗电流增加，量子效率降低等）；二是在焦平面阵列弯曲定型时，不但对其柔韧性要求较高，还要保持各处曲率一致，表面粗糙度也要符合要求，不同成像系统所需弯曲焦平面阵列的曲率半径也不一样。诸多生产、装配和检测等技术难题，导致弯曲焦平面阵列的制造成本和时间终将比平面焦平面阵列高 10% 左右，但这种紧凑、轻质的结构将大大提高地基望远镜的灵活性和工作效率，在小型机器人、无人机、卫星等军事设备中也有巨大的应用潜力。

（中国航天系统科学与工程研究院 李金钊）

国外在轨装配技术发展研究

2016 年，欧洲航天局将资助研究立方星在轨自主交会对接技术，拟在此基础上发展利用多颗立方星在轨自主装配成大型航天器的技术。2015 年，美国公布了多个在轨装配技术项目：美国航空航天局于 7 月宣布开展"大型结构系统太空装配"（SALSSA）项目；劳拉空间系统公司（SS/L）在 8 月被美国国防高级研究计划局授予用于在轨自主装配地球静止轨道通信卫星的"蜻蜓"（Dragonfly）项目合同；11 月，NASA 在"临界点"（Tipping Point）计划规划的"航天器与空间结构的机器人太空制造与装配"主题下授出了 3 份合同，其中包括与劳拉空间系统公司合作开展"蜻蜓"项目地面演示和飞行演示验证。在轨装配技术将成为低成本快速部署航天器的途径之一，推动大型高性能航天器（如大型深空探测补给站和空间望远镜）的发展，是以美国为主的、多个国家大力发展的重要在轨服务技术。

一、在轨装配的层次

在轨装配是指在太空中将不同的部件连接构建成一个结构、子系统、子系统单元体等空间设施，或把一个或多个结构分离后进行重新组合。根据在轨装配任务对象的规模，将航天器在轨装配任务从顶层到底层划分为5个层次，如表1所列。

表1　航天器在轨装配层次

层次名称	描述	举例
航天器组合	两个或多个航天器在轨组合： 航天器＋航天器＝（组合成）航天器	"自动转移飞行器"（ATV）、H－2转移飞行器（HTV）与"国际空间站"（ISS）的组合等
功能扩展	为航天器增加功能模块或舱段： 模块（舱段）＋航天器＝（组装）航天器	可替换模块（ORU）的自主更换："工程试验卫星"－7（ETS－7）轨道快车（Orbital Express）
整星组装	模块（舱段）＋模块（舱段）＝（组装）航天器	"凤凰"（Phoenix）计划，存储与部署计划（在轨制造、组装部署立方体卫星），"蜻蜓"
模块组装	模块（零部件）＋模块（零部件）＝（组装）模块	"凤凰"计划中的细胞星聚合，大型结构的在轨组装：大型结构系统太空装配
在轨制造	原料＋原料＝（制造）零部件	"蜘蛛制造"（SpiderFab）系统、"存储与部署"

二、发展水平与进展

对于航天器组合层级的在轨装配，"国际空间站"与后勤补给航天器的自动对接应用较为成熟；以可替换模块的自主装配为代表的功能扩展层级在轨装配已完成演示验证；"凤凰"计划是代表整星组装及模块组装层级的较为先进的、进展较大的典型在轨装配计划；大型结构的无人自主装配技术验证亦在此被归为模块组装层级，虽然尚在规划发展中，但太空增材制造技术（即适用于太空环境下的3D打印技术）的发展使卫星零部件和大型结构有望在未来几年实现在轨制造。

（一）航天器组合层级的自主装配应用较为成熟

交会对接技术是自主装配尤其是航天器组合层级自主在轨装配必不可少的基础技术。"国际空间站"与补给航天器的自动对接是航天器组合层级的自主装配应用的典型代表。由欧洲航天局研发的"自动转移飞行器"在2008年与"国际空间站"完成完全自动对接与货物补给，成为欧洲首个与"国际空间站"完成自动对接的航天器。自动转移飞行器在紧急情况下能启动避碰预编程序。日本的H-2转移飞行器同样与"国际空间站"进行了多次自动对接，完成补给任务。

（二）部分可替换模块通过机械臂完成自主装配演示验证

日本的"工程试验卫星"-7是世界首个采用机械臂的在轨服务验证任务，通过一个可替换模块模拟多种可替换模块的更换，验证了利用机械臂进行可替换模块更换技术，以及组装桁架结构、装配试验天线等装配技术；美国国防高级研究计划局资助的"轨道快车"（Orbital Express）完成了包括服务星"自主空间传送机器人轨道器"（Astro）与目标星"下一代可接受服务卫星"（NEXTSat）的自主交会对接，以及更换电源可替换模块和姿态控制计算机可替换模块在内的所有演示任务；"试验卫星系统"（XSS）计划中的"试验卫星系统"-12（XSS-12）计划将采用1颗小卫星为母星提供非对接绕飞服务，另外1颗小卫星与母星完成对接，实际是母星与可替换模块的对接。

（三）整星在轨装配处于研发试验阶段

通过卫星的零部件或模块在轨装配成整星方面，仅有"凤凰"计划即将进行在轨飞行试验。美国国防高级研究计划局"凤凰"计划设想发射具有卫星某一分系统级或部件级的模块化"细胞星"进入地球静止轨道

（GEO），利用空间机器人将其安装到废弃卫星的天线上，再将安装有"细胞星"的天线拆卸下来构成新卫星，将其拖至目标轨道释放。2015 年 12 月，"国际空间站"对美国诺瓦沃克斯公司（NovaWurks）为"凤凰"研发的"高度集成的细胞星"（HISat）模块进行了"细胞星初始任务试验"（SIMPL）。2016 年 1 月，诺瓦沃克斯公司宣布拟在 2016 年将"高度集成的细胞星"发射至近地轨道进行演示验证。

除"凤凰"计划外，美国在 2015 年新启动了若干以整星在轨装配为远期目标的项目。2015 年 8 月，美国太空制造公司（Made in Space）与纳诺莱克斯公司（NanoRacks）计划合作开展"存储与部署"计划，将利用纳诺莱克斯公司的立方体卫星部署技术和太空制造公司的太空增材制造能力，提供在太空环境下按需制造、组装与部署立方体卫星的服务。此外，"蜻蜓"项目拟在轨自主装配尺寸更大、能力更强的地球静止轨道通信卫星，重点研究在轨装配与重构卫星的大型射频反射器。

（四） 大型结构的机器人装配正在规划中

大型结构的自主装配尚未实现成熟应用，但已有多个计划拟提供相关在轨装配服务。2015 年 7 月，NASA 启动"大型结构系统太空装配"（SALSSA）项目，旨在实现大型模块化结构系统在太空中的自动装配、服务保障、翻新、重构以及再利用，如图 1 所示。该项目采用新型装配与再设计模式，面向三类可升级和重构的系统：大型空间天文台、太阳能推进系统的兆瓦级太阳能电池阵以及火星任务组部件。NASA"临界点"计划下的"多功能太空机器人精密制造与装配系统"（俗称"建筑师"）将于 2018 年演示验证在轨增材制造与装配大型、复杂结构的能力，"蜻蜓"项目同样重点关注大型射频反射器的在轨装配与重构。

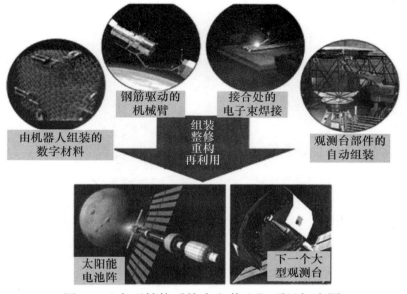

图1　"大型结构系统太空装配"项目概念图

（五）大型结构的在轨制造处于地面试验演示阶段

在地面建造并集成所有部件后，将航天器整体发射入轨的航天器制造模式昂贵且耗时，且航天器尺寸受火箭整流罩体积限制。2016年3月，"天鹅座"（Cygnus）飞船将太空制造公司研制的首台商用"增材制造设备"（AMF）送入"国际空间站"。但该设备的尺寸有限，能够制造的零部件尺寸也有限，而且适用于"国际空间站"外的完全真空环境下的增材制造技术尚在地面试验阶段。美国系绳无限公司（TUI）正在研究的在轨制造系统——"蜘蛛制造"，将利用蜘蛛状机器人在轨进行大型空间结构如天线、电池板、桁架和其他多功能结构的制造与组装。只需要将原材料送入轨道，即可由机器人利用增材制造技术在轨制造，并将制造的零部件装配成大型系统，如图2所示。"蜘蛛制造"已完成机器人样机制造，进行了地面演示，验证了"蜘蛛制造"概念关键工艺的基本可行性，正在制造第二代机器人原型。此外，"临界点"计划中的"建筑师""存储与部署"立方体卫星项目同样采用了太空增材制造技术。

图 2　"蜘蛛制造"机器人在轨制造桁架示意图

三、技术途径

航天器组合层级的在轨装配主要利用先进传感导航设备进行交会对接实现；航天器的功能扩展主要通过舱段与航天器交会对接或利用空间机器人对在轨航天器进行模块补加实现；对于整星组装层次，"凤凰"计划通过细胞星模块聚合和构型重组的方式实现；对于模块组装层次，"凤凰"计划的细胞星模块聚合方式同样是典型代表；在轨制造主要通过真空增材制造设备或机器人在国际空间或在轨制造实现。

（一）整星组装与模块组装的技术途径

以"凤凰"计划为代表的模块组装以基于"壁虎爪"粘附原理的技术为基础，以细胞星模块聚合方式组装，将多个具有子系统级功能的单功能细胞星聚合成具有多个子系统功能的系统级细胞星，以及将系统级细胞星聚合成具有更强功能的系统级细胞星聚合体。

"凤凰"计划的整星组装除了模块聚合外,还利用服务航天器的"前端机器人使能近期演示验证"(FREND)机械臂和柔性关节机械臂等多个机械臂协同进行构型重组。机械臂将细胞星装配到废弃卫星天线上,并将由废弃卫星天线和安装在其上的细胞星一同切割下来,重新组成新卫星。

(二) 在轨制造的技术途径

目前在轨制造主要通过真空增材制造技术实现。一是通过在"国际空间站"上的增材制造设备制造零部件,在轨真空增材制造区别于地面增材制造技术的核心在于保证真空环境下制造零部件的力学性能;二是通过在轨机器人制造,"蜘蛛制造"计划中采用方案是具有增材制造功能的多臂机器人,该机器人从一个"喷丝器"排出并熔合碳纤维条,像地球上织网的蜘蛛一样沿着桁架网络爬动,能以 5 厘米/分钟的速度大量生产桁架并集成制造出整个物体。

四、发展趋势

(一) 通过模块化结构发展航天器零部件的自主在轨装配

在轨装配标准模块化的航天器结构的技术复杂度更低、周期更短,更易实现航天器的零部件装配应用,多个计划正在研究或验证标准模块化的设计思想。"凤凰"计划中的细胞星采用标准模块化的设计理念,是模块化在轨装配的典型代表;"工程试验卫星" - 7、"试验卫星系统"等多项在轨服务计划演示验证了自主装配可替换模块技术;"存储与部署"计划亦从具有模块化结构的立方体卫星为起点探索在轨装配卫星的可行性。

(二) 发展大型空间结构的在轨制造与装配

NASA 发布的《在轨卫星服务研究项目报告》表明,在太空中建成大型天文台和深空探测补给站是美国在轨服务的远期目标之一。"大型结构系统太空装配""蜘蛛制造"和"建筑师"等项目均在积极发展大型空间结构的在轨建造与装配。在轨装配大型空间结构，将使航天器结构大小不再受限于运载器的整流罩大小，推动大型、高性能航天器的发展。

（三）在轨制造技术将推动在轨制造、组装与部署一体化

传统的在轨装配技术需要将在地面制造好的结构、舱段、航天器通过运载器发射到轨道再进行装配，近年来真空增材制造技术的发展将变革航天器的在轨制造能力，有助于实现在轨制造、组装与部署一体化，大幅降低研制发射成本和周期。NASA "临界点"计划下的3个"航天器与空间结构的机器人太空制造与装配"相关项目，以及"蜘蛛制造"和"存储与部署"立方体卫星项目均反映了在轨制造（尤其是增材制造）、组装与部署一体化的发展趋势。NASA的美国太空制造公司与纳诺莱克斯公司的"存储与部署"计划有望以立方体卫星作开端，为航天器的在轨制造、组装与部署一体化开启新篇章。

（中国航天系统科学与工程研究院　贾平）

国外石墨烯制备技术与应用分析

2016 年 6 月，美国科学家研制出改进型石墨烯防冰材料，实现在超低温环境下机翼、雷达罩或电线的融冰。这是自 2 月石墨烯首次实现防冰应用以来，在该领域的又一重大突破。石墨烯被誉为颠覆未来的一种战略性新兴材料，近年来美、日、韩以及欧洲等一些国家和地区在石墨烯制备和应用研究方面取得突破性进展，有针对性的应用产品加速涌现。据 BBC Research 预计，全球石墨烯市场在 2018 年将超过 1. 95 亿美元，到 2023 年将有望超过 13 亿美元，2018—2023 年年均复合增长率为 47. 1% 。

一、发达国家高度重视石墨烯发展

石墨烯（Graphene）是世界上已知最薄、强度最大、导电导热性最好、可见光透光率极高和具有大理论比表面积的纳米材料。它是一种由 sp2 杂化①碳原子按六边形呈蜂巢晶格排布的二维晶体，可看做是一层被剥离的"单层石

---

① sp2 杂化：由一个原子同一电子层的一个 s 轨道与 3 个 p 轨道中的两个杂化形成，多用于形成两个单键与一个双键。

墨片"（厚度只有0.335纳米）。石墨烯因可能对半导体、光伏、储能、航空航天等产业带来重大变革，受到美、日、韩以及欧洲一些国家和地区的高度重视。

美国从国家发展战略高度，全方位推进石墨烯领域研究。美国在全球率先将石墨烯研究上升为国家发展战略，官、军、产、学、研全方位合作研发，且非常注重石墨烯的军事应用。美国国防部自2008年持续投资石墨烯开发项目，年均投入1500万美元，约占国防部年度基础研究预算的1%。2007年，美军启动"石墨烯在太赫兹频段的应用"项目，加强对石墨烯的应用研究。美国空军2013年发布的《全球地平线》将石墨烯作为材料领域唯一单独列出的材料进行重点支持研究。

欧洲注重全欧一体式研究，加速石墨烯商业化进程。2012年，欧洲石墨烯专项研究计划集中了来自英国、德国等10余个欧洲国家的46个研究机构，主要围绕石墨烯基础研究、柔性电子元件、纳米复合材料等12个研发方向开展相关研究工作。欧盟委员会2013年1月将石墨烯列为"未来新兴技术旗舰项目"之一，将石墨烯研究提升至战略高度，计划在2013—2023年投入10亿欧元，用于石墨烯理论研究和制备技术开发。

亚洲国家重视石墨烯电子元器件的研发和应用。日本学术振兴机构2007年资助日本的东北大学，开发基于石墨烯硅材料的先进辅助开关器件和等离子共振器件，从而实现超高速传输和大规模集成的器件技术。2012—2018年间，韩国原知识经济部预计将向石墨烯领域提供2.5亿美元的资助用于技术研发和应用研究。

二、石墨烯关键制备技术取得突破

石墨烯制备工艺上的突破，将极大推动相关应用研究，但工艺优化和新方法探索上仍有很大发展空间，以求得到高晶化程度和高纯度的石墨烯。下面对石墨烯制备技术进行介绍。

（一）剥离法成本较低但难于精确控制

剥离法分为物理剥离（又称为机械剥离）和化学剥离。机械剥离法是通过机械力，克服石墨层片之间较弱的范德华力，从石墨晶体表面剥离得到石墨烯薄层材料的方法。主要思路是用胶带黏住石墨片的两侧面，反复剥离而获得石墨烯；另一种机械剥离法简单有效，即将石墨表面在另一个固体表面上摩擦，使石墨烯层片附着在固体表面上，但尺寸不易控制。机械剥离法的原料石墨为天然鳞片石墨或高定向热解石墨。

化学剥离法是利用氧化的方法将膨胀石墨在超声作用下剥离成氧化石墨烯，再利用氧化还原法得到石墨烯的方法，具有成本低、周期短、产量大的特点，常被应用于石墨烯复合材料的制备和石墨烯的批量生产。2005年，美国西北大学的研究人员将石墨氧化并分散在水中，形成平均厚度只有几个纳米的石墨烯悬浊液。同年，他们首次使用氧化还原法制备石墨烯，并将还原得到的石墨烯用聚合物包覆，均匀分散在水中。

（二）化学气相沉积法成本较高但层数可控

化学气相沉积法（图1）是利用有机碳源，在催化剂的作用下从基体上生长出石墨烯的方法。该法得到的石墨烯通常为单层或者少层，结构完整且缺陷少。美国乔治亚理工学院研究人员通过加热碳化硅，获得了单层和多层石墨烯。具体做法是：对 4H – SiC 及 6H – SiC 单晶的特定晶面进行加热，使硅原子升华脱离材料，剩下的碳原子通过自组形式重构，获得在 SiC 表面外延的石墨烯。样品表面经过氧化或氢气蚀刻后，在超低压高真空下通过电子轰击加热到 1000℃ 除掉表面的氧化物，再升温到 1250 ~ 1450℃，保持恒温 1 ~ 20 分钟，形成基于 SiC 衬底的石墨烯片，其厚度由加热温度决定。对两大类石墨烯制备方法中比较典型的石墨烯制备技术进行分析比较，可得表1结论。

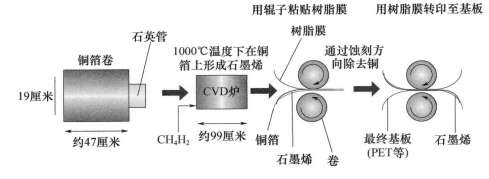

图1　一种化学气相沉积法加工示意图

表1　石墨烯的主要制备方法

石墨烯制备方法		技术水平	产品尺寸	成本	量产难度	优点	缺点	应用制备
自上而下	物理剥离法	可在液相中实现，添加分散剂避免团聚	中小	低	中	工艺简单	难于实现精确控制	试验研究
	化学剥离法	比较成熟，含氧官能团减少，在水中分散性较差	大	中	易	周期短、产量大	还原效率较低、质量较低	石墨烯复合材材料、纳米带
自下而上	碳化硅外延生长法	可获得4英寸的1～2层的石墨烯薄片	大	较高	中	层数可控，迁移率高	尺寸受SiC晶圆尺寸的限制	射频或太赫兹石墨烯电子器件
	化学气相沉积法	可制作出12英寸以上的石墨烯晶圆	大	较高	易	石墨烯面积较大，且层数可控	需要转移，容易污染	显示屏和触摸屏、电容器

石墨烯制备工艺上的突破，极大地推动了相关应用研究，但工艺优化和新方法探索上仍有很大发展空间，以求得到高晶化程度和高纯度的石墨烯。电子元件领域的应用对石墨烯制备技术要求最高，难度最大，预计10年左右实现突破；复合材料和能源类应用对石墨烯制备技术要求居中，预计3~5年内实现突破；消费电子类应用是目前最热点的方向，预计制备技术在未来1~2年内会有所突破。

三、石墨烯在新型电子器件和高性能材料等领域应用前景广阔

目前，石墨烯材料技术虽然尚处于研究发展的初期阶段，但从总体上看，已经在电子学、航空航天新材料、新型装甲材料、传感器（光学、气体等）、平板显示器、能源新技术和储能装置等多个领域表现出了巨大的应用潜力，并将对未来武器装备发展产生重要影响。

（一）石墨烯高载流子迁移率和大比表面积使其在新型电子器件和储能装置中具有重要应用

石墨烯拥有比硅更高的载流子迁移率，是一种性能非常优异的半导体材料，电子在石墨烯中的运行速度能够达到光速的1/300，比在其他介质中的运行速度高很多，而且产生很少的热量。使用石墨烯作为基质生产的处理器能够达到1000吉赫（图2）。石墨烯的研究成果将对高端军用系统创新发展产生巨大的推动力，包括毫米波精密成像系统、毫米波超宽带通信系统、石墨烯基射频电路、雷达及电子战系统、新型红外图像传感器等。

此外，石墨烯是真正的表面性固体，其比表面积高达2630米^2/克（理想单层石墨烯），是一种极具潜力的新型储能材料。近年来，石墨烯储能领域主要集中在氢能存储、超级电容器制造、锂离子电池、太阳能电池和锂

一空气电池制造等几方面。研究重点则集中在对石墨烯制备方法的探索、对石墨烯功能化的试验研究以及基于石墨烯本身性质来研发结构完善的高性能石墨烯基储能元件。

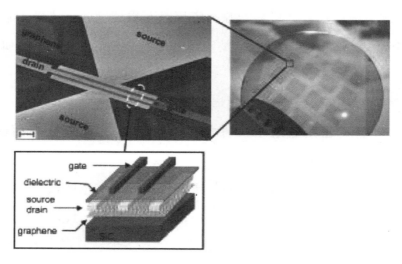

图 2　IBM 公司制备的石墨烯晶体管实物图及截面示意图

（二）石墨烯高热导率和宽频吸波特性使其在新型高性能材料领域具有重要应用

随着大功率电子器件的发展，对散热提出了更加苛刻的要求，现有的散热材料和结构已经远远不能满足散热要求。在国防领域，飞行器和激光武器等也对散热提出了更苛刻的需求：深空探测器空间核反应堆电源系统（图 3）对散热（单台需要 400 米²）需求为高热导率和高辐射系数；大功率激光武器的热负值荷密度通常为 500～1500 瓦/厘米²，散热面临极大挑战等。

石墨烯优异的热学性能（超高热导率、超低界面热阻和热整流特性）使其成为理想的散热片材料。科学家已取得以下突破性进展：一是一维的

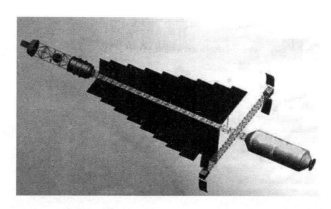

图3　空间核反应堆电源系统（100千瓦的电力）三维视图

石墨烯纤维，有望取代高导热碳纤维，应用到卫星等场合；二是二维的石墨烯散热膜，热导率可达1500瓦／（米·开）以上，有望取代现有的碳膜；三是三维的石墨烯基块体，解决了一维石墨烯纤维和二维石墨烯膜热通量低的瓶颈问题，在航天探测器、卫星、大功率电源、激光武器等领域具有广阔的应用前景。

随着雷达探测频带不断加宽（从几百兆赫到几百吉赫），飞行器用纤维复合材料的快速发展，无人机、战略导弹等武器装备要求隐身频带更宽、材料更轻。隐身结构一体化既可以保证隐身飞机的结构外形，又可以实现优异的隐身效果，这也是国际上飞行器设计的主流方向。

由于石墨烯具有优异的导电性能，因此石墨烯材料能通过电流加热来除冰。通过进一步修饰改性，石墨烯纳米带防冰材料可以在$-14\sim0℃$范围内被动防冰，即利用其超疏水性能，使冰无法在材料表面形成。相比传统防冰材料（乙二醇等），石墨烯防冰材料能够在300℃以上保持稳定性，可为机场等节省时间和费用，减少传统除冰剂带来的环境问题，还能帮助飞机避免雷击并提供一层额外的电磁屏障。石墨烯防冰材料可用于雷达穹顶甚至玻璃防冰，还可用于风力发电机、输电线路等除冰。

此外，石墨烯具有结构稳定、强度高、轻薄等优异的机械强度特性，可制成高强度抗打击的新型装甲材料，如车辆防护装甲、防弹衣等。BBC Research 预计，到 2023 年石墨烯市场将主要用于以下 5 个领域：超级电容领域、触摸屏领域、结构材料领域、传感器和高性能材料领域。各领域市场占有情况如图 4 所示。

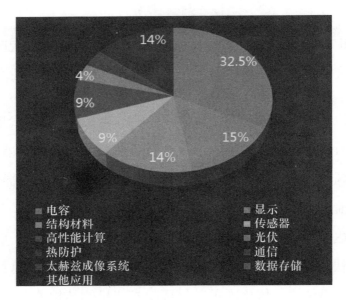

图 4　石墨烯应用领域市场占有情况

四、结束语

石墨烯技术是基础研究领域中的前沿技术，也是国防技术领域中的一项共性关键技术。国内外在石墨烯的制备技术方面，正逐步由实验室走向商业生产，有针对性的应用产品开发不断取得进展，未来将继续开展大规模、低成本和高质量制造石墨烯材料新方法的研究。对于国内已开展的石墨烯技术的研究，建议与石墨烯未来应用相关的材料、能源等领域的单位加大支持力度，早日实现实用化，并进一步牵引基于石墨烯技术的新型材料和器件的研发。

（中国航天系统科学与工程研究院　姚保寅）

附　录

2016 年航天领域科技发展大事记

1 月

美国国家海洋与大气管理局发布首个《商业航天政策》 1 月 8 日，美国国家海洋与大气管理局（NOAA）发布其首个《商业航天政策》，明确指出利用商业航天满足气象观测需求的背景、目标、用途、原则、措施以及管理机构；该政策依照奥巴马政府 2010 年《国家航天政策》中关于"利用商业航天产品与服务满足政府需求"的原则，打破美国长期仅依靠政府力量提供气象观测服务的传统。

"贾森" -3（Jason -3）卫星成功发射入轨 1 月 17 日，法国和美国联合研制的"贾森" -3（Jason -3）卫星由"猎鹰" 9 运载火箭成功发射，进入高度约 1340 千米、倾角 60°的圆轨道。作为美、法自 1992 年联合开展海洋测绘任务的第 4 颗卫星，"贾森" -3 可测量全球海平面高度，以及探测和跟踪可能影响海洋航运和油气开采活动的大海浪；"贾森" -3 卫星由欧洲泰勒斯·阿莱尼亚航天公司研制，搭载有"海神" -3B（Poseidon -3B）雷达高度计、微波辐射计等探测设备。

美国正在研制"蜘蛛"光学成像系统 1月27日,洛克希德·马丁公司公布正与加州大学（戴维斯分校）联合研制新型轻质光学成像系统——"蜘蛛"光学成像系统。该系统利用近1000个微型干涉仪组成的阵列进行干涉成像,取代传统光学成像系统的望远镜和焦平面阵列,且尺寸和重量仅为传统系统的1%。"蜘蛛"系统未来将大幅降低光学成像系统的成本,以及为微纳卫星、小型无人机等平台提供更大孔径、更高分辨率的成像设备。

"太空篱笆"样机跟踪到首批太空目标 1月30日,美军地基S频段"太空篱笆"样机在试验中跟踪到首批太空目标。S频段"太空篱笆"是世界上最大的S频段单基地相控阵雷达,采用调频脉冲信号（频率为2～4吉赫）,在东西方向扫描,发射波束宽度为东西120°×南北0.2°,重点对中低地球轨道上尺寸≥5厘米的目标进行跟踪,与上一代装备相比,"太空篱笆"太空目标探测数据将提高10倍,太空分辨率大幅提升,探测同一目标的周期缩短。

欧洲成功发射EDRS－A激光通信载荷 1月,欧洲航天局（ESA）成功发射"欧洲数据中继系统"（EDRS）的首个实用载荷EDRS－A。ESA于11月开始向"哨兵"系列卫星提供服务,将于2017年中期发射该系统第二颗卫星EDRS－C,于2018年前完成"欧洲数据中继系统"建设,形成以激光数据中继卫星和载荷为骨干的天基信息网,覆盖欧洲全境及周边地区,实现卫星、空中平台观测数据的近实时传输,大幅提升欧洲危机响应和处理能力。

美国将研发新型火箭推进系统 1月,轨道ATK公司获得美国空军4600万美元的合同,计划为新型运载火箭研发新型火箭推进系统。5月24日,该公司宣布了新型火箭的设计细节,并将其暂名为"下一代运载器"。

该火箭计划最早于 2020 年投入使用，将与美国 SpaceX 公司"猎鹰"9、"猎鹰"重型火箭以及联合发射联盟（ULA）的"德尔它"–4、"宇宙神"–5 及新型"火神"火箭竞争美军用卫星发射任务。

美国实现同一枚火箭的重复使用 1 月，美国蓝色起源公司成功进行"新谢泼德"亚轨道飞行器重复使用飞行试验。该试验使用了 2015 年 11 月回收的亚轨道火箭助推器，对该助推器进行了一系列检查、测试和维护，并改进点火装置和控制系统增强安全性，首次实现人类航天史上同一枚液体火箭重复使用，后续又成功进行 3 次重复使用飞行试验，标志着蓝色起源公司已突破亚轨道火箭助推器返回段减速控制、箭体姿态控制、着陆导航控制、回收再利用等一系列关键技术。

2 月

美国第二代 GPS 卫星部署完毕 2 月 5 日，美国成功发射第 12 颗 GPS–2F 卫星，其第二代 GPS 卫星已经全部部署完毕。该卫星也是该型号的最后一颗卫星，采用升级的软件与地面系统，增加了首个位于 L5 频段的第三代民用导航信号并将部署在 GPS 星座的 F 平面 1 号轨位，取代 GPS–2R 6 卫星；未来美国将全力进行第三代 GPS–3 卫星部署，目前首颗 GPS–3 卫星已完成包括热真空测试、声学测试、振动测试等在内几项关键的系统级测试，预计 2017 年 8 月后实现发射。

美国将研制全数字化导航有效载荷 2 月 16 日，美国哈里斯公司宣布，将负责研制 GPS–3 第 11 颗卫星及后续卫星的全数字化导航有效载荷。全数字化导航有效载荷在先进模块化设计、原子钟授时系统、抗辐射加固计算机以及大功率发射机等方面的性能将进一步优化，实现 GPS 信号及其传输的在轨可编程；全数字化导航有效载荷是 GPS–3 后续卫星的重要组成，将有效解决当前 GPS 导航载荷的频率干扰和信号串扰问题，并可降低导航卫星研制成本。

俄罗斯首颗"格罗纳斯"－K1 导航卫星开始服役 2 月 17 日，俄罗斯首颗"格罗纳斯"－K1 导航卫星正式进入服役。"格罗纳斯"－K1 采用全新设计，是俄罗斯第三代导航卫星型号，卫星质量 995 千克，设计寿命提高到 10 ~ 12 年，增加首个码分多址（CDMA）民用信号 L3OC，星载时钟稳定度更高；俄罗斯目前正在研制新型的 GLONASS－K2 型号，并决定继续建造 9 颗"格罗纳斯"－K1 卫星，到 2020 年由 30 颗"格罗纳斯"K 与"格罗纳斯"M 卫星共同组成星座，定位精度将由当前 2.8 米定位精度提升到 0.6 米。

美国空军推动火箭发动机自主研发工作 2 月，美国空军为航空喷气洛克达因公司和联合发射联盟公司授予发动机研制合同。为确保航天产业链安全，美国坚持研发使用独立自主火箭发动机，替代俄制 RD－180 发动机。同时，蓝色起源公司积极推进美自制 BE－4 发动机研制，并推出一系列新型定制工具，如推出专用于 BE－4 的全新测试设备、世界上唯一的电火花钻孔机"自动放电加工（电火花）钻孔机"等新型工具。

欧洲相继发射两颗"哨兵"（Sentinel）卫星 ESA 分别在 2 月和 4 月成功发射了"哨兵"－3A（Sentinel）卫星和"哨兵"－1B 卫星。该两颗卫星均为欧洲"哥白尼"全球环境监测系统的专用卫星；"哨兵"－3A 卫星用于全球海洋与陆地监测，海洋和陆地区域的空间分辨率分别为 1.2 千米和 300 米，"哨兵"－1B 卫星是"哨兵"－1 雷达成像任务的第二颗卫星，用于监测全球海冰和极区环境以及陆地表面变化等；"哥白尼"系统目前共有 4 颗"哨兵"卫星在轨，计划在 2017 年形成 6 颗专用卫星的卫星星座。

俄罗斯发射两颗"格罗纳斯"－M 卫星 俄罗斯分别在 2 月和 5 月成功

发射两颗"格罗纳斯"－M卫星，分别取代第三轨道面17号轨位和第二轨道面11号轨位的两颗老旧卫星。"格罗纳斯"－M卫星是俄罗斯第二代导航卫星，卫星质量1415千克，设计寿命7年。此外，俄罗斯航天国家公司（原俄罗斯航天局）已经宣布，在2017—2018年期间还将进行3颗"格罗纳斯"－M卫星发射任务。

3月

美国研发出可降低航天器成本的碳材料　3月10日，NASA艾姆斯研究中心（ARC）研发出便于重新组装的碳纤维复合材料，可大幅降低航天器研制发射与维护成本。该材料是一种平坦、几何图案的碳纤维复合材料，轻质而牢固（比其他超轻材料硬10倍），便于拆解和重新组装，该研究的目标是利用多个在轨机器人将相同的材料板块装配成自组装可重构的航天器（类似乐高玩具），每一板块具有独立的处理芯片、传感器和电源等系统，可互相传递信息；此举将变革设计和进入空间、利用空间的能力。

ESA"伊莱克特拉"全电卫星进入研制新阶段　3月11日，ESA与SES公司签订"伊莱克特拉"（Electra）新一代卫星计划的下一阶段研发合同。该合同是ESA"先进通信系统研究"（ARTES）项目的子项目，旨在降低卫星质量和发射成本；Electra项目属于小型地球同步轨道系列，ESA和德国宇航中心（DLR）对项目进行投资，开发通用目的的小型地球静止轨道卫星平台，项目主承包商OHB公司开发全电推进卫星平台，Electra项目是欧洲将"创新研发投资"视为其工业领先重要武器的一个典型例证，通过公共资金吸引私有投资，以鼓励创新。

俄罗斯成功发射"资源"－P3卫星　3月13日，俄罗斯"资源"－

P3（Resurs – P3）光学成像卫星由"联盟" – 2.1b 运载火箭从拜科努尔航天发射场成功发射，进入高度 470 千米的太阳同步轨道。该卫星是第三颗"资源" – P 军民两用卫星，可用于自然资源与环境部门、应急部门、农业、渔业、林业和气象等机构；卫星由进步中央特别设计局研制，发射质量约 5920 千克，设计寿命为 5 年，与前两颗卫星相比提高了侧摆机动能力，在 45 秒内可实现 45°侧摆。

美国相继成功发射 32 颗"群落"卫星 美国分别于 3 月 23 日和 6 月 22 日成功发射 20 颗"群落"（Flock）卫星和 12 颗"群落"卫星，共发射 32 颗"群落"卫星。该卫星基于 3U 结构的立方体卫星建造，发射质量约 5 千克，尺寸为 10 厘米×10 厘米×30 厘米，空间分辨率 3～5 米，美国行星实验室公司计划利用上百颗"群落"卫星构建大规模的对地观测卫星星座，实现近实时的连续观测能力。全球已有十几家公司计划构建类似的商业对地观测卫星系统，如尖顶全球公司在近年也连续发射 20 颗"狐猴"（Lemur）卫星，可提供全球气象数据。

美国首台国际空间站 3D 打印设备开始提供服务 3 月 28 日，美国将首台实用型 3D 打印设备"增材制造设备"（AMF）安装在国际空间站上，开始为国际空间站和地面商业用户提供制造服务。AMF 设备由美国 NASA 和太空制造公司安装。AMF 是一种可在空间微重力环境下以多种树脂为原料制备小尺寸产品的小型 3D 打印机，可由空间站太阳能电池直接供电，可打印 ABS 工程塑料、聚碳酸酯、高密度聚乙烯等 30 多种聚合物材料，未来将添加打印金属材料的功能。

俄罗斯通过《2016—2025 年联邦航天计划》草案 3 月 29 日，俄罗斯政府审议通过了《2016—2025 年联邦航天计划》草案。根据草案，未来 10 年俄罗斯将为航天活动划拨 1.406 万亿卢布，并视未来经济状况，或于

2022 年后再补充划拨 1150 亿卢布。该计划是一份决定俄未来 10 年航天发展的基础性计划文件，由俄罗斯航天国家公司（原联邦航天局）牵头起草，财政部、科学院、军事工业委员会等其他相关部门和机构参与商讨和审议。

美国"电子号"火箭二子级通过地面点火试车　3 月 31 日，美国火箭实验室公司宣布装有"卢瑟福"电动泵发动机的"电子号"火箭二子级通过地面点火试车，性能指标满足 2017 年火箭首飞需要。该发动机是世界首个采用电动泵输送系统的实用化液体火箭发动机。采用电动泵替代传统燃气涡轮泵实现推进剂增压输送，省去了大量复杂推进剂管路与阀门，降低了其结构复杂度；同时，80% 的发动机部件采用电子束熔融 3D 打印技术制造，可 3 天完成生产。该发动机使"电子号"火箭具备快速制造、发射和低成本的特点，为微小卫星发射市场提供新的选择。

美预警卫星"增量 2"系统投入使用　3 月，美国国防部宣布将所有天基预警卫星的控制权转移到"增量 2"系统，取代现役"增量 1"系统。未来将由一个主任务控制站（位于伯克利空军基地）和备份站（位于施里弗空军基地）进行一体化控制，取代目前通过 3 种地面软件系统分别控制"国防支援计划"（DSP）卫星、"天基红外系统"地球静止轨道卫星/大椭圆载荷的独立控制方式，大幅简化控制流程和提高效率；"增量 2"在 2016 年已相继完成试用期、操作人员评估期等阶段，即将进入作战效能评估（OUE）阶段。

美国 GPS 下一代地面系统（OCX）完成相关试验　美国在 3 月完成了 GPS 下一代地面系统（OCX）的发射与校验系统（LCS）试验，6 月完成了监测站接收机部件电磁干扰试验、硬件关键设计评审以及"黑广域网"

（B－WAN）的运行试验，验证了 OCX 与 GPS 外部接口的安全性；OCX系统是与 GPS－3 卫星相配套的新一代地面运行控制系统，从 2007 年启动建设，但 OCX 系统的研制成本已由 15 亿美元攀升到 53 亿美元，由于严重超支而触发纳恩·麦克科迪法案，需要由国会决定项目是否继续进行。

4 月

美宣布推迟"天基杀伤评估"（SKA）任务　4 月 21 日，美国导弹防御局（MDA）宣布将首个商业寄宿载荷任务——"天基杀伤评估"（SKA）推迟至 2017 年中期发射。此次推迟比 2015 年 3 月商定的日期推迟了 2 年多。商业寄宿载荷是指政府机构利用商业卫星搭载军用载荷，由商业卫星为其提供电源、数据处理和其他服务。MDA 至今尚未透露 SKA 载荷的宿主卫星的任何信息，但很有可能是"下一代铱星"（Iridium NEXT）移动通信卫星，72 星星座的 Iridium NEXT 卫星中的首颗卫星原计划在今年夏季由美国 SpaceX 公司"猎鹰"9 火箭发射。

美国航天企业进军卫星在轨服务市场　4 月 25 日，美国轨道 ATK 公司与国际电信卫星公司（Intelsat）签订"任务扩展飞行器"（MEV）卫星在轨服务协议，标志美国航天企业正式进军卫星在轨服务市场。轨道 ATK 公司将于 2018 年发射"任务扩展飞行器"（MEV），与国际电信卫星公司的一颗在轨卫星对接，并接管卫星的推进与姿态控制，使卫星延寿 5 年。轨道 ATK 公司已为该项目投资 10 亿美元，未来 5 年拟向政府和商业客户销售至少 5 个"任务扩展飞行器"，并将服务业务从在轨延寿扩展至在轨燃料加注和在轨修复等。

印度完成 IRNSS 空间段部署　4 月 28 日，印度成功发射"印度区域导航卫星系统"（IRNSS）系列第 7 颗卫星，完成 IRNSS 系统空间段部署。IRNSS 导航星座从 2006 年开始建设，包括 3 颗 GEO 轨道卫星和 4 颗倾斜地球同步轨道（IGSO）卫星，覆盖东经 40°～东经 140°、南北纬 40° 之间区域，系统成本约 3.5 亿美元，可为印度国内及周边 1500 千米区域提供定位精度优于 20 米的精确导航定位服务；此次 IRNSS 部署完成，标志着印度成为全球继美国、俄罗斯、中国之后第 4 个拥有自主导航系统的国家。

俄罗斯东方航天发射场完成首次发射任务　4 月 28 日，俄罗斯一枚"联盟"-2.1a 火箭成功从东方航天发射场发射升空，将 3 颗卫星送入轨道，分别为"米哈伊尔·瓦西里耶维奇·罗蒙诺索夫"（MVL）300 科学卫星、微小卫星"鹳"2D 和"萨马拉星"（SamSat）218/D，标志着东方航天发射场成功完成其首次航天发射任务；该发射曾定于 4 月 27 日进行，但当天的倒计时程序在进行到距起飞仅 1.5 分钟时由于自动化发射控制而被自动中止。

美国提出"飞卫星"（FemtoSat）标准　4 月，美国亚利桑那州立大学提出"飞卫星"（FemtoSat）标准。该卫星平台采用立方体结构，边长仅 3 厘米，质量 35 克，而现有标准立方体卫星边长为 10 厘米，质量约 1 千克；每颗卫星都配备有推进、姿态控制、通信系统，以及数据采集设备，可进行模块化组装，该类型卫星可依附于立方体卫星发射，一个发射装置最多可发射 27 颗卫星，单颗卫星的发射成本仅为 1000 美元，低于普通卫星（6 万~7 万美元/千克）。

美国研发新型太空卫星防护装置材料　4 月，美国研发并试验了一种新型钢材 SAM2X5-630，可用于太空卫星防护装置。该材料由美国加州大学、南加州大学及加州理工学院的工程师们研发，能承受巨大压力而不致永久变形，可使太空卫星防护装置免受空间碎片和微流星体的侵害；作为一种很有前景的非晶合金钢，该材料制造成本在可承受范围内、异常坚硬、不易断裂，并且拥有合金钢的最高记录弹性极限，可以承受高达 12.5 吉帕的压力或约 125000 大气压力，而不产生永久性变形。

美国实现火箭第一级海上平台垂直回收　4 月，SpaceX 公司"猎鹰"9 火箭成功实现世界首次火箭第一级海上浮动平台垂直回收。此次试验突破了高精度导航控制技术、大范围变推力重复使用发动机技术、轻质可展开着陆支撑机构技术、海上浮动平台稳定控制技术等多项关键技术，后续又成功完成 3 次海上回收、1 次陆上回收，标志着大型火箭垂直起降回收技术逐步趋于成熟。

美国"膜航天器"开辟空间碎片移除新途径　4 月，NASA 启动"膜航天器"技术可行性研究。"膜航天器"是一种以聚合物薄膜为主体结构的超轻、超薄的新概念航天器，可变形、机动能力强，可为空间碎片移除提供新的低成本解决方案，同时具有空间攻防对抗潜力，如携带特定载荷，遮挡卫星功能载荷，甚至清除卫星。NASA 委托航空航天公司开展为期 9 个月的"膜航天器"概念研究。如进展顺利，将再用 2 年时间开展技术可行性研究，确定技术方案，使技术成熟度达到 3 级，为后续实验室环境下验证技术方案与途径奠定基础。

5 月

欧洲将建造 ESA"生物量"（Biomass）环境探测卫星　5 月 3 日，欧洲空客防务与航天英国公司将建造 ESA"生物量"（Biomass）环境探测卫星，成为全球首颗 P 频段合成孔径雷达（SAR）卫星。该卫星重 1250 千克，将采用空客公司的 AstroBus 中型卫星平台，卫星的 P 频段合成孔径雷达可展开天线的直径为 12 米，由哈里斯公司建造；该卫星计划在 2021 年由"维加"火箭发射，用于观测全球大部分森林地区在多个生长周期内的生物量年度变化。

超黑涂层材料首次实现航天应用　5 月 16 日，超黑涂层材料 Vantablack 喷涂于"肯特岗"-1（KR-1）卫星星敏感器上，标志着该材料首次应用于航天领域。该材料的应用延长了星敏感器的成角范围，改善对地观测卫星上仪器的坚固性，使其能够在强光源间运行，提高性能的同时，使设计时间更短、仪器更轻；超黑涂层材料 Vantablack，利用创新的碳纳米管结构吸收光，对表面光的吸收率达 99.8%。该材料可承受震动、分段运输和长期摆动，适合喷涂于复杂的卫星内部部件。

印度重复使用运载器技术验证器高超声速飞行试验成功　5 月 23 日，印度空间研究组织（ISRO）成功进行重复使用运载器技术验证器（RLV-TD）高超声速飞行试验。RLV-TD 由单级 HS-9 固体火箭垂直发射，分离后开始无动力滑翔，最大飞行马赫数 5.2，最大飞行高度 65 千米，在导航、制导与控制系统的引导下溅落在距发射场 450 千米的孟加拉湾预定海域。此次试验验证了 RLV-TD 高超声速飞行气动特性、载荷特征及热防护系统性能，标志着印度重复使用运载技术研制工作取得实质性进展。

欧洲发射两颗"伽利略"全面运行能力卫星　5 月 23 日，欧洲成功发射第 13、14 颗"伽利略"全面运行能力（FOC）卫星。这两颗"伽利略"卫星均为全面运行能力（FOC）卫星，由中型"联盟号"火箭从法属圭亚那航天发射场发射至 22522 千米高度的轨道；"伽利略"卫星系统是由欧盟委员会（EC）出资并管理的，授权 ESA 进行系统设计和采购代理，该系统旨在确保欧洲在商用和民用领域导航的独立性。

新一代"沃罗涅日"预警雷达站正式建成 5月，俄罗斯新一代"沃罗涅日"预警雷达叶尼塞市雷达站正式建成，投入试运行。该雷达最大探测距离为6000千米，可探测卫星，能同时监视500个目标，具有反应时间短、性能可靠、自动化程度高和寿命长等特点；6月，西伯利亚乌索利耶市雷达站投入使用。自2015年以来，俄军已部署7个雷达站，预计2020年将共部署12个雷达站，实现全部远程预警雷达的本土部署。

6月

DARPA发布"特征"–ST软件测试平台征询意见书 6月17日，DARPA发布"特征"–ST软件测试平台（Hallmark–ST）广泛机构公告。DARPA借此公告寻求企业级软件测试平台，集成多个不同的工具与能力，服务于对空间的指挥与控制，提高美军应对空间威胁的能力。美军认为，俄罗斯等国对美军卫星的威胁日益严重，必须提高美军空间态势感知能力、加快响应速度。"特征"项目将研发指挥与控制决策工具，提升空间战场管理的指挥与控制能力，且必须具备灵活性、可升级、安全可靠，并且能够在不同安全级别下支持软件工具和数据源。

日本推迟首颗军事通信卫星的发射 6月20日，日本首颗军事通信卫星DSN–1的中继器天线在运往发射场途中受损，发射计划推迟2年，只能继续租用商用通信卫星能力。目前，日本自卫队使用3颗"超鸟"（Surperbird）卫星支持X频段通信，分别为"超鸟"–B2卫星、"超鸟"–C2卫星和"超鸟"–D卫星，其中"超鸟"–B2卫星和"超鸟"–D卫星已达设计使用寿命，而此次遭受损坏的是3颗卫星中的第1枚，DSN–2卫星计划于2017年搭乘H–2A火箭发射，DSN–3卫星也将在2020年底升空。

印度"一箭二十星"任务发射成功 6月22日，印度"极轨卫星运载火箭"PSLV-XL（C34）从萨迪什·达万航天中心成功发射了印度的制图星-2C对地观测卫星和19颗来自美国、加拿大、印度尼西亚的微小卫星，送入预定轨道，并按计划试验了PSLV-XL火箭第四级的关机再点火能力。此次发射是印度利用PSLV火箭进行的第36次发射，实现了"一箭二十星"发射，创下印度航天史记录。

美国海军成功发射"移动用户目标系统"-5卫星 6月24日，美国海军"移动用户目标系统"-5（MUOS-5）卫星成功发射入轨，美国完成新一代窄带通信卫星星座部署。MUOS-5卫星搭乘联合发射联盟（ULA）"阿里安"-5运载火箭从卡纳维拉尔角发射场发射升空，原计划在7月3日到达夏威夷上空35000千米的地球静止轨道，但由于主推进系统发生故障，停在一个过渡轨道上；此后MUOS-5进行了26次轨道提升点火，于10月22日到达运行轨道，比原计划轨道更加倾斜。MUOS-5卫星发射成功是MUOS系统建设的一个重要里程碑。

美国SLS火箭进行"鉴定型发动机"-2点火试验 6月28日，轨道ATK公司对"航天发射系统"（SLS）重型运载火箭的五段式固体助推器进行了"鉴定型发动机"-2（QM-2）点火试验。此次是该助推器最后一次全面鉴定试验，是SLS重型运载火箭研制的关键里程碑。本次试验中，固体助推器在4℃的工作温度下限进行测试，助推器上的530多个仪表测试通道可获得82项关键数据。

加拿大计划建造覆盖北极的全天时通信星座 6月30日，加拿大军方表示最早在2023年为北极地区建造可进行24小时通信的新星座，其中至少包括2颗大椭圆轨道通信卫星。加拿大航天局在2010年就已开始"极地通信和气象任务"（PCW）项目研究，其中1颗卫星上只包括超高频、宽带通信和气象载荷，加拿大军方还考虑花费约4亿~12亿美元用于购买美国海军的"移动用户目标系统"（MUOS）卫星星座服务，希望通过建造第 6 颗"移动用户目标系统"卫星，获得全部星座的访问权。

俄罗斯成功研制探测空间碎片的大尺寸镜头　6 月，俄罗斯科学家研制出可探测空间碎片的大尺寸镜头。新研制的镜头是俄罗斯光电系统的主要组成部分，其透镜直径约 800 毫米，可发现并测量近地空间碎片运动参数，对空间随时与航天器的靠近发出预警。俄罗斯计划于 2016 年底将镜头安装到巴西的 OPD 天文台。预计大尺寸镜头具备运行能力后，可显著增强俄对空间目标的探测跟踪能力。

美国成功发射 5 颗"天空卫星"　美国分别在 6 月和 9 月成功发射了 1 颗"天空卫星"（SkySat）和 4 颗"天空卫星"，标志着"天空卫星"星座进入正式部署阶段。"天空卫星"是美国贝拉公司（原天空盒子成像公司，2014 年被 Google 公司收购）的微小对地观测卫星，计划由 24 颗卫星组成星座；卫星由劳拉空间系统公司研制，发射质量约为 120 千克，运行在高度约 600 千米的太阳同步轨道，具有图像和视频两种工作模式。

NASA 继续推进 SLS 研制工作　NASA 在 6 月完成 70 吨级 Block 1 型火箭芯级适配器（LVSA）测试件生产、五段式固体助推器最后一次全尺寸静态点火试验（QM-2）；8 月完成火箭芯级主要构件的焊接；10 月完成过渡低温上面级（ICPS）样机的制造，将与其他测试部件和模拟装置对接组装后，于 2017 年初开展结构试验。NASA 预计，依照目前的研制生产进度，Block 1 型火箭首飞及"猎户座"飞船的 7 天不载人绕月飞行可在 2018 年11 月前如期进行。

7 月

美国组建全球最大太空态势网络之网络　7 月 4 日，DARPA 组建了全球最大最多样化的太空态势网络之网络。DARPA 通过融合多源数据的"轨道展望"项目，已完成对 7 个空间态势感知数据提供者实时数据的集成，整合了全球 100 多个传感器；启动"轨道展望"项目，旨在寻求一种方法，快速获取和处理大量不同来源的高质量数据，使 SSN（美军空间监视网）和商业空间能更好地监视快速发展的空间环境，评估人造空间碎片对卫星造成的风险，意味着美军空间态势感知能力建设正从以传感器为中心向以数据为中心转移。

美军"探路者"项目第二种途径被迫推迟 7 月 11 日，美军透露"探路者"项目第二种途径因法律问题被迫推迟。该途径可使美国空军在卫星发射前，通过采购或租用商业卫星转发能力，获得访问全部星座的权利，与以往使用传统的运营和维护资金购买转发器能力不同，空军正在寻求使用生产资金购买转发器能力的方法，而这种途径是否符合当前的拨款法还有待商榷，原计划在 2016 年初发布意见征询却尚未发布，在 2017 财年前也不会售出该次试验的合同。

DARPA 推动小卫星间激光通信技术研发 7 月 20 日，DARPA 透露已向 LGS 创新公司授出为期两年、价值 500 万美元的"小卫星传感器"项目合同。该合同资助该公司研发小卫星间激光通信技术，为作战人员提供更强的卫星通信能力，其中，LGS 创新公司将为 DARPA 研发两个轻量级激光通信终端，每个质量不到 0.9 千克，功率消耗不到 3 瓦，并将搭载于一对 DARPA 卫星上进行飞行试验；小卫星星座通过星间激光链路向部队提供高带宽、抗干扰、低拦截率的通信，提高美军作战效能。

俄罗斯研制出超轻卫星散热器 7 月 24 日，俄罗斯技术—科学生产公司研制出一种超轻型的卫星散热器，将用于俄罗斯"北极"环境监测卫星。该公司利用热光涂层成功研制了该散热器。通过用碳纤维取代传统的铝合金涂层，使散热器质量大幅降低 25%；技术—科学生产公司已经制造出 4 个散热器，并通过验收试验将用于"北极"环境监测卫星。该型卫星由拉沃契金科研生产联合公司负责建造，首颗卫星计划在 2017 年发射。

美国空军下一个 SBSS 预计 2021 年发射 7 月 25 日，美国空军计划在 2021 年发射下一个"天基太空监视系统"（SBSS）后续卫星。当前在轨的 SBSS 卫星 Block 10 于 2010 年发射，用于从近地轨道扫描地球同步轨道目标，预计持续运行到 2020 年。2016 年，国会拨款约 2700 万美元用于空间态势感知系统相关工作，其中所有款项几乎都留给了 SBSS 后续计划，在 7 月早些时候，美国空军递交国会一份修改申请，表示由于 SBSS 后续项目的建设，2016 年只需要 1580 万美元。

美国"矢量"－1 运载火箭缩比验证机进行亚轨道试射 7 月 30 日，美国私营企业矢量太空系统公司成功进行"矢量"－1 运载火箭缩比验证机 P－20 的首次亚轨道试射，成功验证了高性能的上面级发动机。该型火箭旨在服务于快速发展的小卫星市场，近地轨道运载能力 50 千克，单次发射价格 200～300 万美元。矢量太空系统公司计划在 2017 年对"矢量"－1 运载火箭进行多次的亚轨道飞行试验，并在 2018 年进行 3～4 次发射服务，在 2019 年增加至 12 次。

俄罗斯将研制"拉兹丹"（Razdan）新一代光学侦察卫星 7 月，俄罗斯空天军表示将研制新型"拉兹丹"（Razdan）光学侦察卫星，作为未来光学成像侦察卫星系统的主力。"拉兹丹"卫星将取代目前在轨的"角色"卫星，空天军所辖的航天兵正与进步火箭航天中心协商卫星设计问题；根据国防部初步计划，首颗"拉兹丹"卫星将于 2019 年从普列谢茨克发射场发射，第二颗计划于 2022 年发射，第三颗计划于 2024 年发射，第三颗及后续的"拉兹丹"卫星将安装有"兹韦列夫"克拉斯诺戈尔斯克厂制造的直径约两米的新型光学主镜。

全尺寸液氧—煤油旋转爆震发动机样机试验成功　俄罗斯先期研究基金会（FPI）在 7 月至 8 月成功试验世界首台全尺寸液氧—煤油旋转爆震发动机样机。试验实现连续爆震，产生连续稳定推力，验证了旋转爆震发动机的技术可行性，多方面关键技术初步得到解决；该实验室还联合俄科学院拉夫连季耶夫流体力学研究所及莫斯科航空学院等机构成功进行 33 次试验，并计划到 2017 年底前，以运载火箭用新型发动机为应用背景，完成主要试验验证工作。

8 月

瑞典"高能绿色推进"（HPGP）系统完成在轨调试　8 月 3 日，瑞典 ECAPS 公司研制的"高能绿色推进"（HPGP）系统随"天空卫星"－3（SkySat－3）卫星完成在轨调试，进入完全运行阶段。SkySat－3 卫星入轨 48 小时后，HPGP 推进系统完成调试，显示运行状态正常，可用于重复启动的轨道维持机动；与类似尺寸的肼推进系统相比，HPGP 系统采用 ADN（二硝酰胺铵）液体推进剂，具有低毒、低敏感性等特点，可满足在卫星运输前进行推进剂加注的要求，可以大幅降低后勤保障成本，并且已通过 UN/DOT 1.4S 运输测试，可通过商用飞机运输。

新微型冷却器使红外传感器启动速度提升 4 倍　8 月 10 日，洛克希德·马丁公司推出一种微型冷却器，可使卫星或者导弹红外传感器的启动速度提高 4 倍。该冷却器由洛克希德·马丁公司先进技术中心研发，质量仅为 320 克，长度为 54 毫米，设计寿命约为 10 年。与之前的标准型冷却器相比，该冷却器采用了相同的微型压缩机，但长度减小 50%，可在 3 分钟内将红外传感器的温度降低到零下 195℃ 的工作水平，而现有系统需要 12～15 分钟，其紧凑结构可用于微小卫星如立方体卫星，以及小型武器系统。

美军 GSSAP 进入四星组网阶段　8 月 19 日，美国空军两颗"地球同步轨道太空态势感知计划"卫星（GSSAP）发射升空，将与首批入轨的两颗 GSSAP 卫星组成星座，共同对地球同步轨道目标执行巡视侦察任务。GSSAP 具有高精确轨道机动能力，通过与地球同步轨道目标的相对漂移，实现对地球同步轨道目标的交会逼近，详细成像侦察和获取电子信号情报。8 月，美军利用一颗 GSSAP 机动到出故障的 MOUS 卫星附近，开展了近距离检测。

美国空军开始验证新型受保护战术波形（PTW）项目　8 月 25 日，美国空军新型受保护战术波形（PTW）项目进入产品应用验证阶段。美国空军计划在 2020 年前验证雷神公司、L－3 公司、卫讯公司研制的调制解调器，通过将现有调制解调器更换为 PTW 调制解调器，验证受保护战术波形信息传输的可行性，解决通信卫星带宽和信号干扰现状；验证完成后，美国空军希望 PTW 调制解调器通过"即插即用"的方式应用于"先进极高频"（AEHF）卫星的多种终端，使 AEHF 卫星具备宽带卫星接入能力，为美国空军提供弹性的、经济可承受的宽带保护。

9 月

美国"猎鹰"9 火箭发生静态点火爆炸　9 月 1 日，SpaceX 公司"猎鹰"9 火箭发生发射前静态点火爆炸。火箭与其搭载的以色列"阿莫斯"－6（AMOS－6）通信卫星都被炸毁，地面发射设施遭到破坏。该公司公布其初步事故原因为火箭第二级液氧贮箱加注液氧时，部分液氧渗入安装在贮箱内的氦气瓶碳纤维复合材料外壁，在加注沸点低于液氧的过冷液氦时，渗入缝隙的液氧变为固态与氦气瓶反应，导致氦气瓶破裂，发生爆炸，美国SpaceX公司表示将改进加注流程，计划在2017年1月复飞火箭。

美国启动"新格伦"运载火箭研制项目 9月13日，蓝色起源公司启动"新格伦"（New Glenn）部分可重复使用运载火箭研制项目。其中包括二级和三级两种构型火箭，不捆绑助推器，其火箭第一级均采用7台BE－4液氧/甲烷发动机，起飞总推力17100千牛，火箭发射后第一级可垂直返回并重复使用；第二级采用1台真空型BE－4发动机，推力2400千牛，预计该系列火箭近地轨道运载能力接近"猎鹰"重型火箭运载能力（54.4吨），计划2020年前实现火箭首飞，提供低成本商业卫星和载人飞行发射服务。

秘鲁成功发射其首颗侦察监视卫星 9月15日，秘鲁成功发射其首颗侦察监视卫星——"秘鲁卫星"－1（PeruSat－1）。该卫星搭载欧洲的"维加"小型运载火箭从库鲁航天发射场发射，由欧洲空中客车防务与航天公司研制并由秘鲁军方运行。PeruSat－1卫星分辨率为0.7米。采用了Astro-Bus－300平台，发射质量为430千克，设计寿命为10年，与该卫星一同发射的还有4颗美国的"天空卫星"（SkySat）。

俄罗斯将重新试验高功率机载激光器 9月25日，俄罗斯准备重新试验高功率机载激光器，目标是摧毁近地轨道侦察卫星。本次项目重启后，将以改进型A－60战斗机作为新一代激光武器的载机，改进型A－60战斗机具有超高精度的导航能力，可精确定位飞机，使激光束瞄准攻击目标，载机上所有的关键系统均将采取有效的保护措施。机载激光器反卫武器可应对部分天基威胁，将使俄罗斯获得不对称打击能力。

美国成功进行"猛禽"发动机缩比验证机点火试验 9月26日，美国SpaceX公司成功进行"猛禽"液氧/甲烷发动机100吨级缩比验证机的点火试验。此次初步验证了发动机基本性能，该发动机海平面推力是目前该公司"猎鹰"9主发动机"隼"－1D的4倍，达到3050千牛，比冲334秒，具有20%～100%的深度推力调节能力，未来将用于载人探火运载器"星际运输系统"上，100吨级推力型则可能用于替代"猎鹰"9和"猎鹰"重型火箭的上面级发动机。

俄罗斯研发国际空间站防护涂层材料　9月28日，俄罗斯能源公司开始研发特殊涂层——多层纳米结构金属陶瓷材料，用于国际空间站的防护。该涂层由托木斯克工业大学和俄罗斯科学院强度物理与材料科学研究所的科学家共同研制，将阻止空间碎片和微流星体对国际空间站的损害。目前，涂覆该涂层的舷窗已通过模拟微型陨石撞击舷窗的地面试验测试，正在考虑如何进行太空试验。这些涂覆新型涂层的舷窗将被安装于能源公司未来的载人飞船上。

美国陆军将第三次开展小卫星通信演示验证　9月，美国陆军公布"陆军全球动中通卫星通信"（ARGOS）项目，将第三次开展小卫星通信演示验证任务。该项目将继"SMDC作战纳卫星效能"（SMDC－ONE）项目和"SMDC纳卫星"（SNaP－3）项目之后，第三次开展小卫星通信演示验证任务，验证低地球轨道小卫星星座为特定地区提供持续通信的能力，该项目将构建由16颗小卫星组成的星座，为美国南方司令部、非洲司令部和部分太平洋司令部所辖战区提供持续可信通信。

欧洲拟自主投资建造新卫星星座　9月，欧洲空客防务与航天公司宣布将自主投资建造一个卫星星座，接替现役"昴宿星"（Pleiades）星座。该拟建星座由4颗光学卫星组成，并计划在2020年和2021年发射，用于接替目前在轨运行的"昴宿星"（Pleiades）星座，确保数据连续性，拟建星座的空间分辨率可能达到0.4米，且能够实现地球上任意地点一天内重访，每天可获取数百万公里图像数据；空客防务与航天公司也将面向商业市场提供商业情报和分析等应用。

10 月

美国"安塔瑞斯"火箭成功发射"天鹅座"货运飞船 10 月 17 日，美国轨道 ATK 公司研制的"安塔瑞斯"火箭搭载"天鹅座"货运飞船成功发射，执行 OA–5 国际空间站货运补给任务。此次发射是自 2014 年 10 月 28 日"安塔瑞斯"火箭发生爆炸事故后，该型火箭首次执行任务；此次发射的"安塔瑞斯"200 型火箭第一级主发动机不再采用之前的两台 AJ–26 液氧/煤油发动机，而替换为两台 RD–181 液氧/煤油发动机，推力提高了 440 千牛，达到 3700 千牛，同时第一级的结构也针对该发动机进行了重新设计，火箭的 LEO 运载能力达到 7 吨。

DARPA 向美国空军转交 SST 的控制权 10 月 19 日，DARPA 向美国空军转交了新一代地基光学"太空监视望远镜"（SST）的控制权。在新墨西哥进行了为期 5 年的运行后，SST 系统将被拆解并运送至澳大利亚；根据联合军事协议，澳大利亚将负责太空态势感知任务，监视那些可伤害空间卫星或对地球存在潜在威胁的碎片和小行星，美国空军太空司令部将负责完成系统的迁移，并承担系统在其整个生命周期内 50% 维护任务。

欧盟委员会发布《欧洲航天战略》 10 月 26 日，欧盟委员会发布《欧洲航天战略》。该战略提出了推进航天应用、强化航天能力、确保航天自主、提升航天地位四大目标，强调深化欧洲航天政策一体化，并与欧洲航天局签署《欧洲未来航天共同愿景目标联合声明》，《欧洲航天战略》将于 2017 年正式实施。《欧洲航天战略》还强调推动公有和私有航天数据服务市场发展，利用航天提供公共服务，并助力欧盟和欧洲各国政府形成安全、可靠、经济有效的卫星通信服务能力。

11 月

俄罗斯继续推进新型"天窗"地基光电系统的部署 11 月 26 日，俄罗斯空天军航天负责人表示，俄罗斯将在阿尔泰山脉、远东、布里亚特的东西伯利亚地区、克里米亚部署"天窗"地基光电系统，继续推进新型"天窗"地基光电系统的部署工作；俄罗斯于 2002 年建成"天窗"地基光电系统，2015 年完成二期建设，将其升级为"天窗"-M 并计划在 2018 年前再建设十余套新系统，部署在阿尔泰及远东滨海边疆区，目前俄罗斯还在远东兴建升级版"天窗"-S 系统，其深空监测功能更为强大。

12 月

日本将开展电动绳系部署试验 12 月 13 日，日本"白鹳"-6 号货运飞船抵达国际空间站，将进行电动绳系部署试验。该飞船携带长 700 米的电动绳系测试系统"白鹳号集成绳系试验"（KITE），计划在飞船离开空间站时进行电动绳系部署试验，其研制方案主要包括一根 700 米长的电动绳（由铝和不锈钢缆线制成）、一个用于部署电动绳的航天器和一个在电动绳末端用于抓捕太空碎片并将其拖至大气层焚毁的操作航天器。日本希望在 2025 年正式部署电动绳系系统，且绳长将达 5000～10000 米，可清除数百千克至数吨重的大型太空碎片。

欧洲"伽利略"卫星导航系统初始服务开始启动 12 月 15 日，欧盟委员会宣布启动"伽利略"卫星导航系统的初始服务，为全球用户提供定位、导航和授时信息。欧盟委员会表示，这是该系统提供全面运行能力的第一步，未来将继续发射卫星，完善"伽利略"星座，逐步提升系统性能和应用范围。"伽利略"系统提供的初始服务主要有开放式服务、加密的公共管理服务、搜索救援服务。

DARPA 推动太空操作安全标准制定 2016 年 12 月 20 日，DARPA 发布"交会和服务操作执行联盟"（CONFERS）广泛代理公告草案。DARPA 计划组建由私营部门和政府部门技术专家组成的 CONFERS，利用专家们在 NASA 和国防部相关任务中获得的实践与经验，研究制定航天器在轨交会与接近、机器人服务等太空操作的安全标准。DAPAR 将在 2017—2018 年提供 CONFERS 全部运作资金，2019 年、2020 年和 2021 年分别提供 3/4、1/2 和 1/3 的运作资金，并计划 2017 年发布第一版在轨服务标准，主要集中在航天器在轨交会和接近操作方面。

德国首次验证卫星"完全自主交会" 12 月 21 日，德国宇航中心（DLR）通过"双光谱红外光学系统"（BIROS）小卫星与另一颗皮卫星"蜜蜂卫星"－4（BEESAT－4）首次验证了"不依赖 GPS 数据和地面控制中心数据，仅基于成像数据实现完全自主交会"的可行性，BIROS 利用星体跟踪器前方相机获得的成像数据，搜索、识别并监视 BEESAT－4，通过修正自身运行轨迹实现交会，两颗卫星最近的安全距离为 50 米；此次试验是"自主视觉导航与目标识别"（AVANTI）试验的一部分，其技术可用于自主探测并抓捕废旧卫星和太空碎片。

美国"太空船二号"进行 2 次无动力飞行试验 12 月，美国维珍银河公司的第二艘"太空船二号"亚轨道航天飞机共进行了 2 次无动力自由飞行试验。第一次无动力试验原计划于 11 月 1 日进行首飞，但由于技术原因被迫取消，于 12 月实现首飞。维珍银河公司表示如果在无动力滑翔飞行试验中没有重大问题的话，后续将在 2017 年进行动力飞行试验，逐渐验证"太空船二号"在各种条件中的性能和运行情况以及"太空船二号"收回羽翼系统、从太空返回、飞行器像飞机一样降落到跑道时的运行情况。

（中国航天系统科学与工程研究院　特日格乐）

2016 年国外航天发射任务统计

（注：表中的发射日期为格林尼治标准时间）

2016 年，国外航天发射情况良好，共进行了 63 次（不包括亚轨道试验发射及发射前发生事故等任务），成功发射 60 次，发射失败 3 次。国外共有 8 个国家（或地区）的运载火箭实施了航天发射，包括美国 22 次、俄罗斯 19 次、欧洲 9 次、印度 7 次、日本 4 次、以色列 1 次、朝鲜 1 次。

航天领域科技发展报告

发射日期	运载工具（发射场）	航天器名称	类型	所属国家/组织（主承包商）	航天器质量/千克	航天器寿命	运行轨道
1月17日	"猎鹰"9V1.1（范登堡空军基地）	Jason-3 "贾森"-3	海洋环境对地观测卫星	美国，法（泰勒斯-阿莱尼亚航天公司）	553	3~5年	高约1336千米、倾角66°的低地球轨道
1月20日	PSLV-XL（萨迪什-达万航天中心）	IRNSS-1E "印度区域导航卫星系统"-1E	导航卫星	印度（ISRO）	1425（发射）614（净重）	10年	倾角28.1°、东经111.75°的地球同步轨道
1月27日	"阿里安"-5ECA（库鲁）	Intelsat-29e（EpicNG）"国际通信卫星"-29e（史诗）	通信卫星/商业	欧洲（波音航天与情报系统公司）	6550（发射）	15年	35546千米×248.8千米、地球静止轨道西经50°
1月29日	"质子"-M+"微风"-M（拜科努尔）	Eutelsat-9B（EDRS-A）"欧洲通信卫星"-9B	通信卫星/商业	欧洲（空客防御与航天公司）	5175	15年	地球同步轨道，东经9°（地球静止轨道）
2月5日	"宇宙神"-5（401）（卡纳维拉尔角）	GPS-2F12	导航卫星	美国（波音公司）	1630	12年	中地球轨道20200千米×20200千米，55.0°

（续）

发射日期	运载工具 （发射场）	航天器名称	类型	所属国/组织 （主承包商）	航天器 质量/千克	航天器 寿命	运行轨道
2月7日	"联盟" - 2. 1b/ "微风" - M （普列谢茨克）	GLONASS M （Kosmos - /Uragan - M#） "格罗纳斯" - M	导航卫星	俄罗斯 （列舍特涅夫信息 卫星系统公司）	1415	7年	中地球轨道 （19100 × 19100， 64.8°）
2月7日	"银河" - 3 （平安北道 铁山郡西海）	Kwangmyongsong 4 "光明星" - 4	实验卫星	朝鲜	200		低地球轨道 （465 千米 × 501 千米，97.5°）
2月10日	"德尔它" -4M + (5, 2) （范登堡空军 基地）	FIA - Radar 4 （NROL - 45） "未来成像体系雷 达" - 4（黄玉）	侦察卫星/ 军用	美国			低地球轨道 （1100 千米 × 1105 千米，123°）
2月16日	"罗科特" / "微风" - M （普列谢茨克）	Sentinel - 3A "哨兵" - 3A	对地观测 卫星	欧洲 （泰雷兹 · 阿莱尼 亚航天公司）	1150 1200	7年	低地球轨道 （815 千米）

261

（续）

发射日期	运载工具（发射场）	航天器名称	类型	所属国/组织（主承包商）	航天器质量/千克	航天器寿命	运行轨道
2月17日	H－2A（202）（种子岛）	ASTRO－H（NeXT, Hitomi）ASTRO－H（瞳）	天文卫星/太空望远镜	日本、美、欧（JAXA等）	2700	3年	低地球轨道，高575千米，倾角31°，周期96分钟的低地球轨道565千米×580千米 31.01°
		Horyu 4（AEGIS）"凤龙"－4	科学卫星/技术试验/立方体/微小	日本（日本九州工业大学）	10		低地球轨道/太阳同步轨道（557千米×579千米，31.00°）
		ChubuSat 2（Kin-shachi 2）中部卫星－2（"金鯱"－2）	科学卫星/技术试验/立方体/微小	日本	50		低地球轨道（559千米×579千米，31.00°）
		ChubuSat 3（Kin-shachi 3）中部卫星－3（"金鯱"－3）	科学卫星/技术试验/立方体/微小	日本（日本名古屋大学和大通大学）	50		低地球轨道 558（千米×579千米，31.01°）

（续）

发射日期	运载工具 （发射场）	航天器名称	类型	所属国/组织 （主承包商）	航天器 质量/千克	航天器 寿命	运行轨道
3月4日	"猎鹰" 9FT （卡纳维拉尔角空 军基地）	SES - 9	通信卫星/ 商业	卢森堡、美国 （波音卫星系统公 司）	5300（发射）	15 年	地球同步轨道， 东经 108.2°
3月9日	"阿里安" - 5ECA （库鲁）	Eutelsat - 65 west A "欧洲通信卫星" - 65 西 A	通信卫星/ 商业	欧洲 （劳拉空间系统公 司）	6564（发射）	>15 年	地球同步轨道， 西经 65°
3月10日	PSLV - XL（C32） （萨迪什·达万航 天中心）	IRNSS - 1F "印度区域导航卫 星系统" - 1F	导航卫星	印度 （ISRO）	1425（发射） 614（净重）	12 年	地球同步轨道， 倾角 28.1°、东 经 111.75°
3月13日	"联盟" - 2.1b （拜科努尔）	Resurs - P No. 3 "资源" - P3	对地观测 卫星/遥感	俄罗斯 （进步国家科研生 产航天火箭中心）	5920（发射）	7 年	低地球轨道 （470 千米×480 千米，97.28°）

（续）

发射日期	运载工具（发射场）	航天器名称	类型	所属国/组织（主承包商）	航天器质量/千克	航天器寿命	运行轨道
3月14日	"质子"-M + "微风"-M（拜科努尔）	TGO（ExoMars 2016）微量气体轨道器（外空生物火星 2016）	火星探测器/轨道器/着陆器	欧洲、俄罗斯			火星
		Schiaparelli（EDM, ExoMars 2016）斯基亚帕雷利（外空生物火星 2016）	火星探测器/轨道器/着陆器	欧洲和俄罗斯			火星
3月18日	"联盟"-FG（拜科努尔）	Soyuz TMA-20M "联盟"TMA-20M	载人飞船	俄罗斯			低地球轨道/国际空间站
3月23日	"宇宙神"-5（401）（卡纳维拉尔角空军基地）	Cygnus CRS-6（ORB-6）"天鹅座"CRS-6	货运飞船	美国（美国轨道ATK公司）		66天	低地球轨道/国际空间站（400千米×400千米，51.8°）

（续）

发射日期	运载工具（发射场）	航天器名称	类型	所属国/组织（主承包商）	航天器质量/千克	航天器寿命	运行轨道
		Diwata 1 "迪瓦塔"－1	对地观测微卫星/立方体卫星	菲律宾（菲律宾迪里曼大学和DOST）	50		低地球轨道/国际空间站（400千米×400千米，51.6°）
3月23日		Flock 2e'－1～20（Dove）"星群"－2e'－1～20	微卫星	美国（行星公司）	5		低地球轨道/国际空间站（410千米×410千米，51.66°（#1, #1b）605千米×620千米，97.99°（#1c）
		Lemur－2－1～5 "狐猴"－2－1～5	微卫星	美国（Spire Global 公司）	4		低地球轨道/国际空间站
3月24日	"联盟"－2.1a（普列谢茨克）	Bars－M2（Kosmos－2515）"豹"－M2（"宇宙"－2515）	对地观测卫星/光学测绘	俄罗斯（进步国家火箭与航天科研生产中心）	4000	5 年	低地球轨道（565千米×579千米，97.69°）

（续）

发射日期	运载工具（发射场）	航天器名称	类型	所属国家/组织（主承包商）	航天器质量/千克	航天器寿命	运行轨道
3月31日	"联盟"-2.1a（拜科努尔）	Progress-MS02 进步-MS02	货运飞船	俄罗斯	7280		低地球轨道/国际空间站
		Tomsk-TPU-120 托木斯克理工大-120	3D打印微卫星/3U立方体	俄罗斯	5	6个月	低地球轨道/国际空间站
4月9日	"猎鹰"9V1.2（卡纳维拉尔角）	Dragon CRS-8（SpX-8）"龙"CRS-8 2016-024A	货运飞船	美国（太空探索技术公司）			已完成任务
		BEAM "毕格罗" 2016-024B	充气式大空舱/空间站组件	美国（比格罗航天公司）	1360	2年	低地球轨道/国际空间站
4月25日	"联盟"-2.1a/"弗盖特"（库鲁）	Sentinel 1B "哨兵"-1B 2016-025A	对地观测卫星	欧洲（泰雷兹·阿莱尼亚航天公司）	2164	7.25年	低地球轨道（695千米×700千米,倾角98.2°）
		MicroSCOPE "显微镜" 2016-025B	科学技术小卫星	法国/欧洲（CNES）	303	2年	低地球轨道/太阳同步轨道（711千米×714千米,倾角98.2°）

（续）

发射日期	运载工具 （发射场）	航天器名称	类型	所属国家/组织 （主承包商）	航天器 质量/千克	航天器 寿命	运行轨道
4 月 25 日		e – St@r 2 "E 星" 2016－025C	科学技术 卫星/立方 体	意大利/欧洲 （都灵工学院）	1		低地球轨道/太阳 同步轨道（442 千米×686 千米， 倾角 98.2°）
		AAUSAT－4 "奥尔堡大学立方 星"－4 2016－025D	科学技术 卫星/立方 体	丹麦/欧洲 （奥尔堡大学）	1	6 个月	低地球轨道/太阳 同步轨道（442 千米×686 千米， 倾角 98.2°）
		OUFTI－1 2016－025E	科学技术 卫星/立方 体	比利时/欧洲 （列日大学）	1		低地球轨道/太阳 同步轨道（442 千米×686 千米， 倾角 98.2°）
4 月 28 日	"联盟"－2.1a/ "伏尔加" （东方发射场）	MVL－300 (Mikhailo Lomonosov) 2016－026A	天文卫星	俄罗斯 （莫斯科大学）	645	5 年	低地球轨道（471 千米 × 486 千 米，倾角 97.3°）
		Aist 2D 2016－026B	科学技术 小卫星	俄罗斯 （萨马拉航空航天 大学）	500	3 年	低地球轨道（471 千米 × 485 千 米，倾角 97.3°）
		SamSat－218/D (Kon- takt－Nanosputnik) 2016－026C	科学技术 小卫星	俄罗斯 （萨马拉航空航天 大学）	4		低地球轨道（471 千米 × 485 千 米，倾角 97.3°）

（续）

发射日期	运载工具（发射场）	航天器名称	类型	所属国家/组织（主承包商）	航天器质量/千克	航天器寿命	运行轨道
4月28日	PSLV-XL（萨迪什·达万航天中心）	IRNSS-1G "印度区域导航卫星系统"-1G 2016-027A	导航卫星	印度（ISRO）	1425	12年	地球同步轨道（35774千米×35794千米，倾角5.1°，周期1436.0分钟，东经129.5°）
5月6日	"猎鹰"9（卡纳维拉尔角）	JCSAT-14（JCSat 2B）"日本通信卫星"-14 2016-028A	通信/广播卫星/商业	日本（劳拉航天系统公司）	4696（发射）；2622（净重）	15年	地球同步轨道（35778千米×35797千米，倾角0.1°，周期1436.0分钟，东经154°）
5月24日	"联盟"-STB（库鲁）	Galileo 13 "伽利略"-13 2016-030A	导航卫星	欧洲（德国OHB-System集团公司和英国萨里卫星技术公司）	733	12年	中地球轨道（23616千米×23616千米，倾角56°）
		Galileo 14 "伽利略"-14 2016-030B	导航卫星		733	12年	中地球轨道（23616千米×23616千米，倾角56°）

（续）

发射日期	运载工具（发射场）	航天器名称	类型	所属国/组织（主承包商）	航天器质量/千克	航天器寿命	运行轨道
5月27日	"猎鹰"9（卡纳维拉尔角）	Thaicom-8 "泰国通信"-8 2016-031A	通信卫星/商业	泰国（轨道ATK公司）	3025	15年	地球同步轨道（35843千米×35890千米，东经78.5°）
5月29日	"联盟"-2.1b/"微风"-M（普列谢茨克）	Glonass M53（Kosmos-/Uragan-M#）"格罗纳斯"-M53 2016-032A	导航卫星	俄罗斯（列舍特涅夫信息卫星系统公司）	1415	7年	中地球轨道（19100千米×19100千米，倾角64.8°）
6月4日	"罗科特"/"微风"-M（普列谢茨克）	Geo-IK-2 "大地测量"-IK-2 2016-034A	对地观测/军民两用卫星	俄罗斯（列舍特涅夫信息卫星系统公司）	1400		低地球轨道（319千米×1053千米，倾角99.5°）
6月9日	"质子"-M/"微风"-M（拜科努尔）	Intelsat-31（DLA-2，ISDLA-2）"国际通信卫星"-31 2016-035A	通信卫星/商业	美国（劳拉空间系统公司）	6450	15年	地球同步轨道（35784千米×35803千米，倾角0.0°，周期1436.1分钟）

（续）

发射日期	运载工具（发射场）	航天器名称	类型	所属国/组织（主承包商）	航天器质量/千克	航天器寿命	运行轨道
6月11日	"德尔它"-4H（卡纳维拉尔角）	Advanced Orion 7 NROL-37, USA-268 "先进猎户座"-7 2016-036A	对地观测卫星/军用 侦察	美国（诺格公司）		15年	地球同步轨道/地球静止轨道（东经78.5°，35843千米×35890千米，倾角0.03°，周期1440.0分钟）
6月15日	"猎鹰"9（卡纳维拉尔角）	Eutelsat 117 West B "欧洲通信卫星"-117西B 2016-038B	通信卫星/商业	美国（波音航天与情报系统公司）	1963	15年	地球同步轨道/地球静止轨道（西经116.8°，35779千米×35795千米，角0.01°，周期1436.1分钟）
		ABS-2A 2016-038A	通信卫星/商业	中国（波音航天与情报系统公司）	2000	15年	地球同步轨道/地球静止轨道（西经75°，35700千米×35700千米，倾角0°，周期1436.1分钟）

（续）

发射日期	运载工具 （发射场）	航天器名称	类型	所属国/组织 （主承包商）	航天器 质量/千克	航天器 寿命	运行轨道
	"阿里安" －5ECA （库鲁）	EchoStar －18 （ECstar －18） "回声星" －18 2016 －039B	通信卫星/ 商业	美国 （劳拉航天系统公司）	6300	15 年	地球同步轨道 （西经 107°， 35785.6 千米 × 35801.3 千米， 倾角 0°，周期 1436.1 分钟）
6 月 18 日		BRIsat "印尼人民银行卫星" 2016 －039A	通信卫星/ 商业	印度尼西亚	3540	15 年	地球同步轨道 （东经 150.5°， 35702 千米 × 35876 千米，倾角 0.02°，周期 1436.2 分钟）
6 月 22 日	PSLV －C34 （萨迪什·达万航 天中心）	Cartosat －2 "制图卫星" －2 2016 －040A	对地观测 卫星	印度 （ISRO）	727	5 年	低地球轨道/太阳同步轨道 （501 千米 ×519 千米，倾角 97.5°，周期 94.8 分钟）

（续）

发射日期	运载工具 （发射场）	航天器名称	类型	所属国/组织 （主承包商）	航天器 质量/千克	航天器 寿命	运行轨道
6月22日		Flock – 2p1 ～ 12 （Dove） "星群" –2P–1 ～ 12（"鸽子"）	对地观测 卫星	美国 （行星公司）	5	1～3年	低地球轨道/太阳 同步轨道（500 千米 ×513 千米， 倾角 97.51°，周 期94.75 分钟）
		Gen2 – 1（SkySat – 3） 2016–040C	对地观测 卫星	美国 （SkySat 公司）	120	6年	低地球轨道/太阳 同步轨道（500 千米 ×515 千米， 倾角 97.5°，周期 94.8 分钟）
		Swayam 2016–040J	对地观测 立方星/海 洋监测	印度	1		低地球轨道/太阳 同步轨道（500 千米 ×518 千米， 倾角 97.5°，周期 94.7 分钟）
		Sathyabamasat 2016–040B	对地观测 卫星/海洋 监测	印度	1.5		低地球轨道/太阳 同步轨道（501 千米 ×517 千米， 倾角 97.5°，周期 94.8 分钟）

（续）

发射日期	运载工具（发射场）	航天器名称	类型	所属国/组织（主承包商）	航天器质量/千克	航天器寿命	运行轨道
6月22日		BRIOS (FireBird 2) 2016 – 040F	对地观测卫星/立方体	德国	130	3～5 年	低地球轨道/太阳同步轨道（500千米×517千米，倾角97.5°，周期94.7分钟）
		Claire (GHGSat – D) "克莱尔" 2016 – 040D	科学技术卫星	加拿大（多伦多大学航天学会太空飞行实验室）	15		低地球轨道/太阳同步轨道（500千米×512千米，倾角97.5°，周期94.76分钟）
		BEESAT 4 2016 – 040W	科学技术卫星/立方体/子卫星	德国	1		低地球轨道（505.4千米×520.5千米，倾角97.5°，周期94.7分钟）
		LAPAN – A3 2016 – 040G	对地观测卫星/海洋监测	印度尼西亚（印度尼西亚国家航空航天研究院）	115		低地球轨道/太阳同步轨道（501千米×517千米，倾角97.5°，周期94.8分钟）

（续）

发射日期	运载工具（发射场）	航天器名称	类型	所属国/组织（主承包商）	航天器质量/千克	航天器寿命	运行轨道
6月22日		M3MSat（exactView 7，EV 7）"M3M卫星" 2016-04G	对地观测卫星/海洋监测	加拿大	95		低地球轨道/太阳同步轨道（501千米×515千米，倾角97.5°，周期94.7分钟）
6月24日	"宇宙神"-5（卡纳维拉尔角）	MUOS-5 "移动用户目标系统"-5（莫斯-5）2016-041A	通信卫星/军用	美国（洛克希德·马丁公司）	6740（发射）、3812（净重）	15年	地球同步轨道/地球静止轨道（35576千米×35998千米，倾角4.5°，周期1436.1分钟）
7月7日	"联盟"-FG（拜科努尔）	SoyuzMS-01 "联盟"MS-01 2016-044A	载人飞船	俄罗斯			低地球轨道/国际空间站（已返回）
7月16日	"联盟"-U（拜科努尔）	Progress-MS03 "进步"-MS03 2016-045A	货运飞船	俄罗斯			（已返回烧毁）

（续）

发射日期	运载工具 （发射场）	航天器名称	类型	所属国/组织 （主承包商）	航天器 质量/千克	航天器 寿命	运行轨道
7月18日	"猎鹰" 9 （卡纳维拉尔角）	Dragon 11/CRS 9 "龙" CRS – 9 2016 – 046A	货运飞船/ 商业	美国			低地球轨道/国 际空间站（已返 回）
7月28日	"宇宙神" – 5（421） （卡纳维拉尔角）	Quasar（NROL – 61， USA – 269，SDS – 4） "类星体" 2016 – 047A	通信/数据 中继卫星/ 军用	美国			地球同步轨道 （35784 千米 × 35803 千米，倾 角 4.9°，周期 1436.1 分钟）
8月14日	"猎鹰" 9V1.2（FT） （卡纳维拉尔角）	JCSAT – 16 "日本通信卫星" – 16 2016 – 050A	通信卫星/ 商业	日本 （劳拉航天系统公 司）	4600（发射）	15 年	地球同步轨道 （东经 162°， 35785.4 千米 × 35801.9 千米， 倾角 0.0°，周期 1436.1 分钟）

（续）

发射日期	运载工具（发射场）	航天器名称	类型	所属国/组织（主承包商）	航天器质量/千克	航天器寿命	运行轨道
8月19日	"德尔它"－4M+（卡纳维拉尔角）	GSSAP－3 "地球同步轨道空间态势感知计划"－3 2016－052A	太空监视卫星/军用	美国（轨道科学公司）	650－700		近地球同步轨道（35765千米×35828千米，倾角0°，周期1436.0分钟）
		GSSAP－4 "地球同步轨道空间态势感知计划"－4 2016－052B	太空监视卫星/军用		650－700		近地球同步轨道（35776千米×35906千米，倾角0°，周期1438.5分钟）
8月25日	"阿里安"－5ECA（库鲁）	Intelsat－33e "国际通信卫星"－33e 2016－053B	通信卫星/商业	卢森堡（波音公司）	6600（发射）	15年	地球同步轨道（35789.2千米×35917.2千米，倾角0°，周期1439.0分钟）
		Intelsat－36 "国际通信卫星"－36 2016－053A	通信卫星/商业	卢森堡（劳拉航天系统公司）	3250（发射）	15年	地球同步轨道（东经68.5°，3785千米×3801千米，倾角0.0°，周期1436.1分钟）

（续）

发射日期	运载工具（发射场）	航天器名称	类型	所属国/组织（主承包商）	航天器质量/千克	航天器寿命	运行轨道
9月8日	GSLV MK2（萨迪什·达万航天中心）	INSAT-3DR "印度卫星" - 3DR 2016-054A	气象卫星	印度（ISRO）	2211	10年	地球同步轨道（35729千米 × 35854千米，倾角0.1°，周期1436.1分钟）
9月9日	"宇宙神" - 5（411）（卡纳维拉尔角）	OSIRIS-REx "源光谱释义资源安全风化层辨认探测器" 2016-055A	深空探测/小行星探测器	美国			
9月13日	"沙维特" - 2（帕尔马希姆空军基地）	Ofeq-11 "奥菲克" - 11（"地平线" -11）2016-056A	对地观测卫星/军用侦察	以色列（IAI公司）			低地球轨道（286.9千米 × 608.8千米，倾角142.0°，周期94.4分钟）

附录

277

（续）

发射日期	运载工具（发射场）	航天器名称	类型	所属国/组织（主承包商）	航天器质量/千克	航天器寿命	运行轨道
9月16日	"维加"（库鲁）	PeruSat-1 "秘鲁卫星"-1 2016-058A	对地观测卫星	秘鲁（空中客车防务与航天公司）	430	10年	低地球轨道/太阳同步轨道（704.1千米×706.0千米，倾角98.2°，周期98.7分钟）
		SkySat-C4 "天空卫星"-C4 2016-058B	对地观测卫星	美国（劳拉航天系统公司）	120	6年	低地球轨道（504.6千米×509.4千米，倾角97.4°，周期94.6分钟）
		SkySat-C5 "天空卫星"-C5 2016-058C	对地观测卫星		120	6年	低地球轨道（507.5千米×509.5千米，倾角97.4°，周期94.7分钟）
		SkySat-C2 "天空卫星"-C2 2016-058D	对地观测卫星		120	6年	低地球轨道（506.6千米×507.6千米，倾角97.4°，周期94.6分钟）
		SkySat-C3 "天空卫星"-C3 2016-058E	对地观测卫星		120	6年	低地球轨道（505.8千米×508.3千米，倾角97.4°，周期94.6分钟）

278

（续）

发射日期	运载工具 （发射场）	航天器名称	类型	所属国/组织 （主承包商）	航天器 质量/千克	航天器 寿命	运行轨道
9月26日	PLSV－G （萨迪什·达万航 天中心）	SCATSAT－1 2016－059H	对地观测 卫星	印度 （ISRO）	377	5年	低地球轨道/太 阳同步轨道（718 千米×733千米， 倾角98.1°）
		PRATHAM 2016－059A	对地观测 卫星	印度 （印度理工学院孟 买分校）	10	4个月	低地球轨道/太 阳同步轨道（661 千米×708千米， 倾角98.1°）
		PISAT 2016－059B	对地观测 卫星	印度	5.25		低地球轨道/太 阳同步轨道（661 千米×705千米， 倾角98.20°）
		ALSAT－1B 2016－059C	科学技术 卫星	阿尔及利亚 （萨里卫星技术公 司）	103		低地球轨道/太 阳同步轨道（661 千米×708千米， 倾角98.20°）
		ALSAT－2B 2016－059D	科学技术 卫星	阿尔及利亚 （空中客车防务与 航天公司）	110	5年	低地球轨道/太 阳同步轨道（672 千米×674千米， 倾角98.23°）

（续）

发射日期	运载工具（发射场）	航天器名称	类型	所属国/组织（主承包商）	航天器质量/千克	航天器寿命	运行轨道
9月26日		BlackSky Pathfinder 1 "黑空探路者"-1 2016-059E	科学技术卫星	美国（航天飞行服务公司）	44	3年	低地球轨道/太阳同步轨道（661千米×703千米，倾角98.2°）
		CanX-7 2016-059F	科学技术卫星	加拿大（多伦多大学航空航天研究院）			低地球轨道/太阳同步轨道（661千米×702千米，倾角98.2°）
		ALSAT-1N 2016-059G	科学技术卫星	阿尔及利亚（萨里航天中心）	4		低地球轨道/太阳同步轨道（661千米×700千米，倾角98.2°）
10月5日	"阿里安"-5ECA（库鲁）	GSAT-18 "地球静止卫星"-18 2016-060A	通信卫星	印度（INVAP和空中客车防务与航天公司）	6400	15年	地球同步轨道（东经74°，35854.4千米×35885.8千米，倾角0.0°，周期1440.0分钟）
		SkyMuster-2 "天空穆斯特"-2 2016-060B	通信卫星/商业	加拿大（劳拉航天系统公司）		15年	地球同步轨道（东经145°，35863.9千米×35876.3千米，倾角0.0°，周期1440.0分钟）

（续）

发射日期	运载工具 （发射场）	航天器名称	类型	所属国/组织 （主承包商）	航天器 质量/千克	航天器 寿命	运行轨道
10 月 17 日	"安塔瑞斯" （瓦勒普斯）	Cygnus OA – 5 "天鹅座" OA – 5 2016 – 062A	货运飞船	美国 （轨道 ATK 公司）			低地球轨道/国际空间站
		Lemur – 2 – 2 "狐猴" – 2 – 2 （共 4 颗） 2016 – 062C – F	微卫星	美国 （Spire Global 公司）			低地球轨道/国际空间站
10 月 19 日	"联盟" – FG （拜科努尔）	Soyuz MS – 02 "联盟" MS – 02 2016 – 063A	载人飞船	俄罗斯			低地球轨道/国际空间站
11 月 2 日	H – 2A （种子岛）	Himawari – 9 "向日葵" – 9 2016 – 064A	气象卫星	日本 （三菱电机公司）	3500	15 年	地球同步轨道（35790.1 千米 × 35801.5 千米，倾角 0.0°，周期 1346.2 分钟）

（续）

发射日期	运载工具（发射场）	航天器名称	类型	所属国/组织（主承包商）	航天器质量/千克	航天器寿命	运行轨道
11月11日	"宇宙神"-5（401）（范登堡空军基地）	WorldView 4（WV 4）"世界观测"-4 2016-067A	对地观测卫星	美国（洛克希德·马丁公司）	2600	10～12年	低地球轨道/太阳同步轨道（617.4千米×620.9千米，倾角98.0°，周期96.9分钟）
		RAVAN 2016-067B	对地观测卫星	美国（JHU/APL）	5	6月	低地球轨道/太阳同步轨道（高约600千米）
		OptiCube 4（O/C 4）2016-067C	校准卫星	美国（PolySat）			低地球轨道/太阳同步轨道（350千米×700千米，倾角57.0°）
		Aerocube 8D（IMPACTD）2016-067D	对地观测卫星	美国（航空航天公司）	3	3月	低地球轨道/太阳同步轨道
		Prometheus 2.1 2016-067E	科学技术卫星	美国（洛斯阿拉莫斯国家实验室）	2	3～5年	低地球轨道/太阳同步轨道
		Prometheus 2.2 2016-067F	科学技术卫星	美国（洛斯阿拉莫斯国家实验室）	2	3～5年	低地球轨道/太阳同步轨道

（续）

发射日期	运载工具 （发射场）	航天器名称	类型	所属国/组织 （主承包商）	航天器 质量/千克	航天器 寿命	运行轨道
11月11日		CELTEE 1 "立方星增强定位应答器评价实验"－1 2016－067G	校准卫星	美国 （M42技术公司）	1.44	3～6月	低地球轨道/太阳同步轨道（580千米×660千米，倾角98.0°）
11月17日	"阿里安"－5ES （库鲁）	Galileo－15（Antonianna）"伽利略"－15 2016－069A	导航卫星	欧洲 （德国OHB－系统集团公司和英国萨里星卫星技术公司）	约700	12年	中地球轨道（23244.2千米×23285.2千米，倾角54.6°，周期846.2分钟）
		Galileo－16（Lisa）"伽利略"－16 2016－069B	导航卫星		约700	12年	中地球轨道（23039.0千米×23055.7千米，倾角54.6°，周期836.9分钟）
		Galileo－17（Kimberley）"伽利略"－17 2016－069C	导航卫星		约700	12年	中地球轨道（22972.5千米×22992.9千米，倾角54.6°，周期834.2分钟）
		Galileo－18（Tijmen）"伽利略"－18 2016－069D	导航卫星		约700	12年	中地球轨道（23158.2千米×23181.4千米，倾角54.6°，周期842.2分钟）

（续）

发射日期	运载工具（发射场）	航天器名称	类型	所属/组织（主承包商）	航天器质量/千克	航天器寿命	运行轨道
11月17日	"联盟"-FG（拜科努尔）	SoyuzMS-03 "联盟"MS-03 2016-70A	载人飞船	俄罗斯			低地球轨道/国际空间站
11月19日	"宇宙神"-5（541）（卡纳维拉尔角）	GOES 16（GOES-R）"地球静止环境业务卫星"-16 2016-071A	气象卫星	美国（洛克希德·马丁公司）	5192（发射）；2857（净重）	15年	地球同步轨道（2591.8千米×35797.2千米,倾角0.0°,周期1436.1分钟）
12月1日	"联盟"-U（拜科努尔）	Progress MS-04 "进步"MS-04	货运飞船	俄罗斯			发射失败
12月5日	"维加"（库鲁）	Goturk 1A 2016-073A	对地观测卫星/军用	土耳其（意大利的Telespazio公司）	1060		低地球轨道/太阳同步轨道（590千米×692千米,倾角98.1°,周期98.4分钟）
12月7日	PSLV-XL（萨迪什·达万航天中心）	Resourcesat 2A "资源卫星"-2A 2016-074A	对地观测卫星/军民用	印度（ISRO）	1235	5年	低地球轨道/太阳同步轨道（824.8千米×850.5千米,倾角98.7°,周期101.5分钟）

（续）

发射日期	运载工具（发射场）	航天器名称	类型	所属国/组织（主承包商）	航天器质量/千克	航天器寿命	运行轨道
12月7日	"德尔它"-4M+（5，4）（卡纳维拉尔角）	WGS-8（USA-272）"宽带全球卫星通信"-8 2016-075A	通信卫星/军用	美国（波音公司）	5987	14年	地球同步转移轨道（26736.1千米×44595.5千米，倾角0.2°，周期1429.6分钟）
12月9日	H-2B（种子岛）	HTV 6（Kounotori 6）"H2转移飞行器"-6（"白鹤"-6）2016-076A	货运飞船	日本（JAXA和三菱公司）			低地球轨道/国际空间站
		Lemur-2-18~21 "狐猴"-2-18~21 2016-076B~E	对地观测立方体卫星	美国	4		低地球轨道/国际空间站
		TechEdSat 5（TES 5）"技术教育星"-5 2016-076F	对地观测立方体卫星	美国	4	10天	低地球轨道/国际空间站

（续）

发射日期	运载工具（发射场）	航天器名称	类型	所属国/组织（主承包商）	航天器质量/千克	航天器寿命	运行轨道
		EGG 2016－076G	科学技术立方体卫星	日本（东京大学）	4		低地球轨道/国际空间站
		TuPOD 2016－076H	科学技术立方体卫星	意大利（Gauss Srl 公司）	3.5		低地球轨道/国际空间站
		AOBA－VELOX 3 2016－076I	科学技术立方体卫星	新加坡、日本	2		低地球轨道/国际空间站
12月9日		STARS C（Oyaki & Koki） 2016－076G	科学技术立方体卫星	日本（香川大学等）	2.7	6 月	低地球轨道/国际空间站
		FREEDOM 2016－076K	科学技术立方体卫星	日本（日本东北大学）	1		低地球轨道/国际空间站
		ITF 2 2016－076L	科学技术立方体卫星	日本（筑波大学（Tsukuba））	1		低地球轨道/国际空间站
		Waseda－SAT 3 2016－076M	科学技术立方体卫星	日本	1		低地球轨道/国际空间站

（续）

发射日期	运载工具（发射场）	航天器名称	类型	所属国/组织（主承包商）	航天器质量/千克	航天器寿命	运行轨道
12月9日		OSNSAT 2016-076N	科学技术立方体卫星	美国（开放空间网络公司）	0.75		低地球轨道 国际空间站
		Tancredo 1 2016-076O	科学技术立方体卫星	巴西（巴西国家太空研究院）	0.75		低地球轨道 国际空间站
12月15日	"飞马座"-XL（卡纳维拉尔角）	GYGNSS-A "飓风全球导航卫星系统"-A 2016-078A	科学技术卫星	美国	28.9		低地球轨道（522.0千米×544.9千米，倾角35.0°，周期95.2分钟）
		GYGNSS-B "飓风全球导航卫星系统"-B 2016-078B	科学技术卫星		28.9		低地球轨道（521.8千米×542.8千米，倾角35.0°，周期95.1分钟）
		GYGNSS-C "飓风全球导航卫星系统"-C 2016-078C	科学技术卫星		28.9		低地球轨道（522.8千米×543.8千米，倾角35.0°，周期95.2分钟）

（续）

发射日期	运载工具（发射场）	航天器名称	类型	所属国/组织（主承包商）	航天器质量/千克	航天器寿命	运行轨道
12月15日	"飞马座"－XL（卡纳维拉尔角）	GYGNSS－D "飓风全球导航卫星系统"－D 2016－078D	科学技术卫星		28.9		低地球轨道（522.1千米×545.3千米，倾角35.0°，周期95.2分钟）
		GYGNSS－E "飓风全球导航卫星系统"－E 2016－078E	科学技术卫星		28.9		低地球轨道（521.9千米×544.6千米，倾角35.0°，周期95.2分钟）
		GYGNSS－F "飓风全球导航卫星系统"－F 2016－078F	科学技术卫星	美国	28.9		低地球轨道（521.6千米×542.1千米，倾角35.0°，周期95.1分钟）
		GYGNSS－G "飓风全球导航卫星系统"－G 2016－078G	科学技术卫星		28.9		低地球轨道（521.7千米×541.6千米，倾角35.0°，周期95.1分钟）
		GYGNSS－H "飓风全球导航卫星系统"－H 2016－078H	科学技术卫星		28.9		低地球轨道（521.7千米×541.1千米，倾角35.0°，周期95.1分钟）

（续）

发射日期	运载工具 （发射场）	航天器名称	类型	所属国/组织 （主承包商）	航天器 质量/千克	航天器 寿命	运行轨道
12 月 18 日	"宇宙神" - 5 （431） （卡纳维拉尔角）	EchoStar 19（Jupi-ter 2） "回声星" - 19 2016 - 079 A	通信卫星/ 商业	美国 （劳拉航天系统公司）	6637	15 年	地球同步轨道
12 月 20 日	"艾普斯龙" - 2 （内之浦）	ERG（SPRINT B，Arase） "宇宙射线观测卫星" 2016 - 080A	科学技术卫星	日本	350		低地球轨道
12 月 21 日	"阿里安" - 5ECA （库鲁）	JCSat 15 2016 - 082A	通信卫星/ 商业	日本 （劳拉航天系统公司）	3407	15 年	地球同步轨道
		Star One D1 "星一" - D1 2016 - 082B	通信卫星/ 商业	巴西 （劳拉航天系统公司）	6433（净重）	15 年	地球同步轨道